Creative Drink

Bar ISTA 野里史昭

咖啡師的特調魔法

瑞昇文化

Creative Drinks Produced by a Barista, Fumiaki Nozato

由咖啡師 野里史昭提案的
創意飲品

我是「Bar ISTA」的經營者、咖啡師

　　身為本書作者的我，野里史昭在大阪本町經營義式酒吧「Bar ISTA」。ISTA在義大利語裡是「從事～的人」的意思，換言之，就是由在酒吧工作的人＝咖啡師（擁有與提供濃縮咖啡、酒精飲料相關專業知識與技術的專業人士）提供服務的店家，我也直接將這個名詞放入店名裡。

　　我是在2003年（當年21歲）的時候進入這個業界，當時雖然還在讀大學，但已經藉由就職活動得到服飾企業的內定，但是在問自己到底想要做什麼工作之後，就放棄了內定的工作。當時的我告訴自己：「去東京或許能找到答案」，所以在大學畢業後就離開大阪，前往東京。我從高中就一直在餐廳打工，對餐飲服務業也很有興趣，所以就開始了在餐廳（東京的義式餐廳）的工作。在那裡我第一次認識到咖啡師這個職業。咖啡師是一項透過咖啡與客人交流的職業，而當我感受到這份職業的魅力後，心中泛起「我想要成為專業的咖啡師」的想法，來到東京沒多久就立刻找到自己想做的工作。

　　過了一年回到大阪的我為了學習咖啡師的相關技能，進入大阪Culinary製菓調理專門學校就讀，一邊在咖啡廳打工，一邊研習專門學校的咖啡師課程。從專門學校畢業後，我從名古屋的咖啡廳起步，從事咖啡師的工作，當時也開始考慮在老家的大阪創業。在創業之前，我前往加拿大學習語言，也於義大利取得咖啡師的證照，甚至在義大利不同的酒吧修練技術與增廣見聞，最後總算於2010年8月（29歲的時候）在大阪市心臟地帶的本町開了「Bar ISTA」這家店。

能一嚐精品咖啡的義式酒吧

「Bar ISTA」是一間只有8個吧台座位，屬性低調精巧的義式酒吧。店內空間雖然不大，卻很重視由顧客與咖啡師之間的氛圍、對話所營造的空間感。

「Bar ISTA」使用的是京都精品咖啡店「Unir」的咖啡豆。這裡不提供混合的配方豆，而是隨時備有兩款個性鮮明的單品豆。能單純地品嚐咖啡原味的義式濃縮咖啡、人氣高居不下的卡布奇諾與拿鐵、我在咖啡競賽製作的花式咖啡與特調飲品……，我很期待顧客能在「Bar ISTA」遇到符合大家口味的精品咖啡。

另外還有酒精飲料、利口酒、蒸餾酒、紅白酒，也能視顧客的點單，利用這些酒調製各式雞尾酒。

「Bar ISTA」也提供料理與甜點。料理從前菜到沙拉、三明治、義大利麵都有，甜點則有原創的提拉米蘇與蛋糕，敝店盡力提供能在店內做得出來的餐食。

本町除了有在商業區上班的上班族、在餐廳服務的員工，住在附近的鄰居之外，還有一些看了雜誌而來店裡一探究竟的客人與同業人員，甚至也有遠從他處來訪的客人。尤其是參加咖啡雞尾酒世界大會之後，開始有一些海外的咖啡從業人員以及外國觀光客來。

對創意飲料的覺醒

本書書名的「Creative Drink」是指以豐富的創造性與鮮明的獨特性，利用各種素材以及咖啡萃取法、吧台手技術創造的花式飲料。

我之所以開始創作創意飲料是因為參加了「Japan Coffee in Good Spirits Championship」（JCIGSC）這項咖啡雞尾酒競賽。JCIGSC是由日本精品咖啡協會（SCAJ）主辦，於2012年舉行示範大會，再從2013年正式舉辦。

在此之前，我一直對創意飲料有障礙，所以當時敝店提供的咖啡都只是常見的幾款（濃縮咖啡與卡布奇諾），我有時也會催眠自己「素材的原味最好喝」。

我聽到JCIGSC的消息後，我覺得對於想學習咖啡與酒精飲料的專業知識與技術的咖啡師而言，參加這場大會一定能學到很多東西，所以就報名參加。第一次參加是2013年，這一年雖然只拿到第4名，無緣拿下冠軍，但是對我來說，這次的參賽卻是人生的轉捩點。我在那一年的大會認識了酒保與調酒師（P.82），與他們的邂逅也將我拉進創意飲料的世界裡。

參加大會後，「Bar ISTA」也開始提供創意飲料，客人的讚美也督促我繼續磨練自己在創意飲料這方面的技術。以在JCIGSC獲得冠軍為目標，不斷地訓練自己之後，總算在2014年與2016年獲得日本冠軍，而這兩年也都代表日本參加世界大會（可惜這兩年都只拿到第七名，距離進入決賽只剩一步之遙）。此外，我也於2015年，日法貿易股份有限公司主辦的Signature Coffee大會（MONIN COFFEE CREATIVITY CUP）榮獲冠軍。

我鑽研創意飲料的資歷絕對不算長，但也是因為如此，才能在短期間內如此集中精神研究，現在也持續鑽研中。

多姿多彩的創意飲料

使用咖啡製作的創意飲料讓熟悉黑咖啡的我們對咖啡有更多元的看法與樂趣。

使用咖啡製作的創意飲料扮演下列這些角色。以「Bar ISTA」這種個人營業的店家而言，如果只提供其他店也能喝得到的咖啡，是無法贏過其他店家的，能做出市場區隔的只有以咖啡製作的創意飲料。言下之意就是除了使用好的素材（咖啡豆），咖啡師也需要替素材創造附加價值。

創意飲料的素材不一定只有咖啡。以面對咖啡的態度研究其他素材的使用方法，創意飲料的世界一定會更加寬廣。

「Bar ISTA」也提供非咖啡的創意飲料。多數的菜單都是利用水果這類季節性素材製作的季節性飲料，但也有「想在聖誕節讓女朋友喝看看的雞尾酒」這種專為某種主題或情境設計的菜單。

創意飲料是調製者基於某種想法或主題而調製的作品，而當調製者與接收者的想法產生連結，兩者之間就會迸發出偌大的「感動」，而且創意飲料在經過變化後，還能產生新的和諧感，素材原有的味道也會變得更豐富，也能將別出心裁的美味與樂趣送到客人手中。

本書介紹的創意飲料

　　我將在「Bar ISTA」以及比賽中所推出的創意飲料集結之後完成了本書。本書的內容共由下列四章組成。

第1章　義式濃縮咖啡‧創意飲料
第2章　非義式濃縮咖啡‧創意飲料
第3章　競賽‧創意飲料
第4章　非咖啡‧創意飲料

　　第1章介紹的是使用濃縮咖啡製作的咖啡飲品，一開始先從專業咖啡師必修的「萃取濃縮咖啡」、「打奶泡」與「拉花」這些基本功開始解說。第2章是介紹以濃縮咖啡以外的咖啡（手沖、法式濾壓、愛樂壓、虹吸）製作的飲品，第3章是我在比賽時製作的創意飲料，第4章則是介紹不使用咖啡製作的創意飲料。

　　本書的特點之一就是第1章、第2章是以「基本～應用～創意」這個順序分級介紹飲品。舉個淺顯易懂的例子來說，本書也會連帶介紹基本（冰拿鐵）、應用（藍莓玫瑰拿鐵）～創意（栗子與義式濃縮咖啡營造的的蒙布朗風味飲品），而這些變化飲品與創意飲料都是以冰拿鐵為基礎。

反映學生與第一線咖啡師聲音的實用書

　　我一邊擔任「Bar ISTA」的經營者兼咖啡師，一邊從2008年開始於大阪Culinary製菓調理專門學校執掌教鞭。在學校教的是創意飲料，常被學生問：「為什麼會選擇那項素材，並且用那種方法製作呢？」所以本書在注意到這類問題後，也整理了一些說明與菜單。

　　此外，也視情況介紹一些替代用的素材或是將非酒精飲料調成酒精飲料時所需的材料。

　　身為咖啡師講師的我希望讓想進入這個業界的年輕人覺得「自己也能從事創作」，所以也會介紹參加比賽的故事與創意飲料，然後再延伸到我與咖啡師、烘豆師之間的故事。

　　此外，在撰寫本書之際，我問過同為咖啡師的朋友「想閱讀什麼樣的實用書」這個問題，在聽取意見之後，也將這些意見充份地反映在本書的內容裡。

　　本書若能得到咖啡師、酒吧從業人員、酒保、咖啡廳與餐廳從業人員青睞，以及能讓廣大喜歡咖啡的朋友們閱讀，那真是身為作者的我的萬般榮幸。

Contents 目次

第2章　Coffee_Non Espresso Creative Drinks

第3章　Competition Style Creative Drinks

Contents

※各飲品的材料均為一杯分量。

※單份義式濃縮咖啡約為20g，雙份義式濃縮咖啡約為40g。

※tsp為茶匙的簡稱，1tsp約為5mℓ。

第1章

Coffee_
Espresso
Creative
Drinks

義式濃縮咖啡・創意飲料

使用義式濃縮咖啡的咖啡飲品集。

義式濃縮咖啡、卡布奇諾&拿鐵、冰拿鐵、冰搖咖啡、摩卡、義式濃縮咖啡通寧這六種基本飲品以及這些飲品的應用版與創意版。

Espresso

義式濃縮咖啡

可當成許多種花式咖啡、創意飲料的基底使用。
是凝聚咖啡豆與咖啡師的個性、味道極其豐富的咖啡。

Extraction Techniques of Espresso

義式濃縮咖啡的技術

裝粉

將咖啡豆磨成粉，再將咖啡粉填入沖煮把手的濾杯裡。

Point

● 依照豆子的種類、烘焙程度、狀態填入定量的咖啡粉。

● 均勻地將咖啡粉填入濾杯裡。

● 別讓咖啡粉撒出來，造成浪費。

確認咖啡粉準確地裝入濾杯的正中央。

不斷地裝粉，直到中心點隆成一座小山。

整平

抹平剛剛裝好的咖啡粉表面。

Point

● 抹平咖啡粉，直到濾杯邊緣為止。

● 視情況微調粉量。

《裝粉量較少的情況》
用食指上下左右抹平。

《裝粉量較多的情況》
從濾杯邊緣往內推，讓咖啡粉填滿空隙。

填壓

利用填壓器壓實濾杯裡的咖啡粉。

Point
● 水平壓實咖啡粉的表面。

用兩根手指同時接觸填壓器與濾杯，然後調整上下左右的水平。

在熟悉之前，可先將沖煮把手放在水平處，然後讓手臂與沖煮把手垂直。

萃取義式濃縮咖啡的其他重點

● 將沖煮把手從義式咖啡機取下來之後或是安裝上去之前，務必讓義式咖啡機沖水（※沖水是指讓義式咖啡機沖出熱水，主要是為了洗淨前一次使用時附著在沖煮蓮蓬頭上的咖啡粉，也是以指定溫度的熱水萃取之前的預備動作）

● 讓濾杯的內部呈現乾燥與乾淨的狀態。（※若局部潮溼，就無法均勻地萃取）

● 將沖煮把手裝上義式咖啡機的時候，記得要細心迅速（※以避免填裝均勻的咖啡粉因為衝擊力而散開）

● 將沖煮把手裝上義式咖啡機之後，立刻開始萃取（※以免在萃取之前就對咖啡粉造成破壞）

萃取過程請盡可能在開始和結束時目視確認。停止時間過早會破壞風味平衡。過晚會過度萃取。

Controlling the Flavor of Espresso

控制義式濃縮咖啡的味道

粗細度調整

調整咖啡豆研磨的粗細度（Mesh）。

Point

● 首先根據自己的想法（粉量、萃取量、萃取時間的基準）調整粗細度，之後再微調。

● 基於上述理由，裝粉、抹平、填壓這三項技術必須要練到穩定。（※不穩定的話，很難找出味道改變的關鍵）

《標準萃取配方（※作者的基準）》

萃取雙份濃縮咖啡的情況，以粉量20公克、萃取量40公克、萃取時間22～24秒的配方萃取。不管使用哪種咖啡豆，先以這個配方萃取，等到找出該咖啡豆的最佳配方，再以該基準萃取。總之要建立屬於自己的萃取設定。

《咖啡豆的種類、烘焙程度、氧化程度的差異》

根據自己的萃取設定決定研磨的粗細度之後，就要進行試飲。想要強調香味時，可試著調細一點，如果想微調質感時，可試著改變粉量。

如果是正確萃取的義式濃縮咖啡，表面會浮現一層Crema（咖啡脂層），也會出現光澤。

試飲

萃取結束後，接著是確認風味。一開始可先巧克力、堅果、果香（柑橘類或莓果類）這些較大的分類切入，熟悉之後，再試著找出苦巧克力、杏仁、橘子、覆盆子這些更為細膩的風味。這些從咖啡體會到的風味會成為調製創意飲料時的創意來源，也是組合素材時的重要線索。

Point

● 感受咖啡的風味。一開始先從大分類切入，熟悉後再慢慢尋找更細膩的風味。

Romano
Con Ghiaccio

羅馬諾冰咖啡

以冰塊調製加糖的檸檬風味雙份義式濃縮咖啡。這是一款能單純品嚐咖啡個性的花式飲料。

義式濃縮咖啡的品質會左右這款飲料的味道，咖啡豆的種類也會改變味道的張力。

從與檸檬對味這點來看，非常建議使用擁有柑橘類鮮明酸味的咖啡豆。

這次在玻璃杯的杯緣（半圓）沾點細砂糖

而這種方式又稱為「Half Moon」。

利用檸檬汁沾上細砂糖

可控制客人飲用時的酸甜比例。

Recipe

雙份義式濃縮咖啡

檸檬塊　適量

細砂糖　適量

MONIN Sugar 糖漿　15公克

Topping

檸檬片　1片

①先萃取義式濃縮咖啡，再以冰水消除餘熱。（※消除餘熱可減少加水）

②以檸檬塊塗抹冰鎮過的玻璃杯杯緣（半圓），沾上檸檬汁之後，再抹上細砂糖。

③將冰塊、放涼的義式濃縮咖啡、糖漿倒入玻璃杯攪拌。

④放上檸檬片當裝飾。（※如果覺得檸檬的風味不夠明顯，可擠點新鮮檸檬汁）

Point

● 豆子的種類會改變味道的張力。

● 可依照客人的口味調整甜味。

● 採用在杯緣（半圓）抹上檸檬汁再沾上細砂糖的 Half Moon 風格。

Smoked Raspberry Irish Coffee on the Rocks

覆盆子愛爾蘭咖啡　煙燻冰塊風味

增添「飄逸香氣」的愛爾蘭咖啡的變形雞尾酒

咖啡與威士忌與對味的覆盆子搭配之餘，

為了彌補香氣的不足，可利用乾冰代替鮮奶油，

以乾冰逼出檸檬香茅的煙燻味，讓這些香氣漂浮在雞尾酒的表面。

檸檬香茅的煙霧是為了讓人享受「香氣」的演出。

當煙霧消失後，將檸檬香茅液倒入雞尾酒中，又能享受截然不同的另一番風味。

Recipe

只想將「香氣」融入飲料時，乾冰是很棒的工具，而且
煙霧也是很好的效果。

雙份義式濃縮咖啡
愛爾蘭威士忌（波希米爾10年）　20毫升
MONIN 覆盆子糖漿　15毫升
乾冰　適量
MONIN 亞洲檸檬香茅糖漿　20毫升
熱水　30毫升

①以冰水替萃取的義式濃縮咖啡消除餘熱。

②將冰塊、降溫的義式濃縮咖啡、威士忌、覆盆子糖漿倒入調酒杯，再輕輕攪拌。（※ 使用調酒杯之前，請先將冰塊放入調酒杯攪拌一下，當調酒杯冰鎮完成後，瀝乾水分再放入材料。製冰機的冰塊容易融化，所以最好別忽略這個步驟）

③將冰塊放入冰鎮過的杯子，再注入步驟②的材料。

④準備另一個調酒杯，然後將乾冰、亞洲檸檬香茅糖漿倒進去（A）。

⑤將杯子與A一起放在托盤上。將熱水倒入A，讓煙霧竄出來，讓煙霧浮在杯子上方。

Memo

糖漿可視咖啡的種類挑選。具有果酸風味的咖啡適合使用青蘋果糖漿或接骨木花糖漿，烘焙程度較深的咖啡則可挑選巧克力風味或堅果風味的糖漿。

Point

● 「咖啡×威士忌×覆盆子」的絕佳組合。

● 使用乾冰與香甜糖漿的「香氣」煙霧。

Cappuccino & Caffe Latte

卡布奇諾與拿鐵咖啡

這次使用了最常與咖啡搭配的牛奶，
而這也是在日本最流行的義式濃縮咖啡飲料。
口感綿滑的奶泡、與咖啡的完美融合，
以及拉花都是這款飲品的魅力之一。

Steaming Milk

打奶泡

利用義式咖啡機將拉花鋼杯裡的牛奶打發。加熱牛奶、打發牛奶、旋入奶泡（攪拌），要透過上述三個步驟打出質地細緻的奶泡，必須盡可能同時執行這三個步驟。此外，要想使用任何義式咖啡機都能打出質地細緻的奶泡，必須盡可能地讓蒸氣噴嘴在拉花鋼杯裡保持相同的位置與角度。

● 越花時間攪拌，質地越細緻。

● 想要多點奶泡，可拉長打奶泡的時間，或是一口氣打入空氣。

水平擺放拉花鋼杯後，將蒸氣噴嘴拉到正面來。

蒸氣噴嘴可放在距離拉花鋼杯的左端或右端1/4的位置，指向拉花鋼杯的底部接角處（以傾斜的角度指向）。噴嘴的末端插到距離水面2～3mm的位置。

Point

● 加熱、打發、旋入奶泡的作業盡可能同時進行。

● 奶泡的分量、質感、溫度，可視要製作的飲料調整。

● 盡可能讓拉花鋼杯裡的蒸氣噴嘴保持固定的位置與角度。

Pouring Milk

倒入牛奶

要讓義式濃縮咖啡與牛奶融為一體，必須一邊讓拉花鋼杯或杯子迴轉，一邊倒入牛奶，這樣可融合出紮實的環狀Crema，拉花時也比較容易拉得穩定。想要強調咖啡風味時，請盡可能不要沖散Crema。如果能夠控制倒入的速度，就能調整咖啡風味的強弱，也能為客人煮一杯適合他們口味的咖啡。

Point
● 倒牛奶的時候，要創造出與義式濃縮咖啡融為一體的感覺。

《卡布奇諾的基本配方》
20公克的義式濃縮咖啡可使用150公克的牛奶。牛奶的量可根據杯子的容量調整。

可使用透明耐熱的玻璃杯練習，以便確認義式濃縮咖啡與牛奶是否均衡混合。

Latte Art

拉花

以義式濃縮咖啡與牛奶的對比形成的拉花。最具代表的方式有使用雕花棒的雕花（Etching）與只使用拉花鋼杯繪製的「自由拉花」（Free Pouring）。

Point 〜雕花〜
● 使用雕花棒細心迅速地描繪。
● 掌握繪製可愛圖案的訣竅。即使不太會畫畫，只要掌握祕訣，一樣可以畫出可愛的圖案。
● 可多練習幾種圖案，因應客人不同的需求。

Point 〜自由拉花〜
● 強調義式濃縮咖啡與牛奶的對比。
● 奶泡的好壞會影響圖案的品質，所以要依照圖案需要的奶量，打出細緻的奶泡。

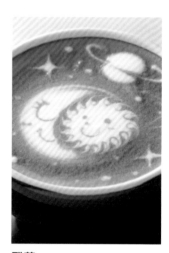

雕花

自由拉花

Training for Making an Excellent Cappuccino & Caffe Latte

美味的卡布奇諾 & 拿鐵的練習方法

接著介紹的練習方法可讓我們知道美味的卡布奇諾裡，義式濃縮咖啡與牛奶的狀態，以及不好喝的時候，各自又會是什麼狀態，而且又是什麼原因造成的。

①在義式咖啡機的盛水盤放三個杯子，一個是卡奇奇諾用，一個是義式濃縮咖啡用，一個是加熱牛奶用。

②在卡布奇諾的杯子與義式濃縮咖啡的杯子萃取義式濃縮咖啡。

③在拉花鋼杯倒入兩杯量的牛奶，製作加熱牛奶。

④先保留25～30％的熱牛奶，然後把其餘的熱牛奶倒入卡布奇諾杯裡，完成卡布奇諾。（※之所以保留熱牛奶，是為了讓兩杯的奶泡量一致）

⑤將保留的熱牛奶倒回拉花鋼杯，再注入剩下的杯子。

⑥試喝三個杯子裡的飲料。

由左至右依序為加熱過的牛奶、卡布奇諾、義式濃縮咖啡。

Caramel & Orange Latte

焦糖橘子拿鐵

這款拿鐵是以每間店都能輕鬆製作的想法設計的。

「焦糖×橘子」的絕妙組合與「焦糖拉花」是這款拿鐵的重點。

咖啡的醇厚、焦糖的香甜、橘子的酸味，譜出均衡美妙的滋味。

Recipe

單份義式濃縮咖啡

牛奶　150公克

MONIN　焦糖糖漿　10～15毫升

MONIN　橘子糖漿　5毫升

Topping

焦糖醬　適量

橘子皮　適量

①將焦糖糖漿與橘子糖漿倒入耐熱玻璃杯（咖啡杯）。

②倒入萃取的義式濃縮咖啡混合。

③注入熱牛奶。

④在表面鋪一層奶泡，然後以焦糖醬在奶泡表面繪製圖案。（※奶泡很容易冒出氣泡，所以畫圖的動作要快一點）

⑤放上橘子皮當裝飾。

Point

● 這是「咖啡×焦糖×橘子」的巧妙組合。

● 以焦糖醬繪製的「焦糖拉花」。焦糖拉花可讓飲料更加吸睛。

Apple Cinnamon Toddy Latte

蘋果肉桂托迪拿鐵

讓寒冬中變得有些疲勞的心與身體恢復活力的雞尾酒

這是為了讓身體與心靈在寒冬中得到溫暖而設計的拿鐵。

這是一款使用蘋果波本威士忌與焦糖糖漿製作的創意拿鐵

焦糖化的表面可帶來焦香味與甜味這類口感。

將香氣豐富的肉桂含在嘴裡的瞬間，蘋果的香氣瞬間在口腔裡擴散。

Recipe

單份義式濃縮咖啡

牛奶　120毫升

蘋果波本威士忌（Berentzen）　30毫升

MONIN　焦糖糖漿　15毫升

Topping

細砂糖　適量

肉桂粉　適量

①將牛奶、蘋果波本威士忌、焦糖糖漿倒入拉花鋼杯，再以蒸氣加熱。

②將步驟①的材料倒入耐熱玻璃杯。

③將萃取的義式濃縮咖啡倒入玻璃杯。

④在表面撒一點細砂糖，然後以噴槍炙燒。

⑤撒上肉桂粉當裝飾。

Point

● 蘋果×焦糖、蘋果×肉桂、焦糖×牛奶，不管是哪種組合，都是風味絕佳的搭配。

● 焦糖化的風味、甜味與口感。

肉桂糖粉在經過炙燒後，肉桂會變焦，所以只需要炙燒細砂糖，之後再撒上肉桂粉。

冰拿鐵 ～基本～

Iced Caffe Latte

冰拿鐵

這是以剛萃取的熱義式濃縮咖啡與冰牛奶組合而成的
經典義式濃縮咖啡飲品。
慢慢地將義式濃縮咖啡倒在冰上，會自然而然地形成兩層。
義式濃縮咖啡與牛奶的比例恰到好處時，不僅能喝到意外的甜味，美味的
持續性感受也會隨著冰量改變，儘管材料與製作方法都很簡單，冰拿鐵卻
是值得一再深究的飲品。

Recipe

單份義式濃縮咖啡
牛奶　150公克（※可視義式濃縮咖啡的味道與玻璃杯的容量調整）

①將冰塊放入玻璃杯裡攪拌（可先削去冰塊的邊角，讓玻璃杯降溫。這
個步驟可讓冰塊滲出水的速度變慢）
②將冰牛奶倒入玻璃杯。
③注入萃取的義式濃縮咖啡。

將液體注入冰飲料專用的玻璃杯之前，可先放入冰塊攪拌，讓玻璃杯降溫。

慢慢地將義式濃縮咖啡倒在冰塊上面（如果有附攪拌棒，就不需要倒在冰塊上面，這樣也比較不會變得水水的）

Point

● 使用剛萃取的義式濃縮咖啡。緩緩地倒在冰塊上，義式濃縮咖啡與牛奶就會分成兩層。

● 由於是將熱義式濃縮咖啡倒入冰牛奶，所以冰塊與牛奶的量都要多斟酌（要減緩冰塊融化的速度，需要加入一定的冰塊量）。

Iced Caffe Latte	Arrange

冰拿鐵 ～應用～

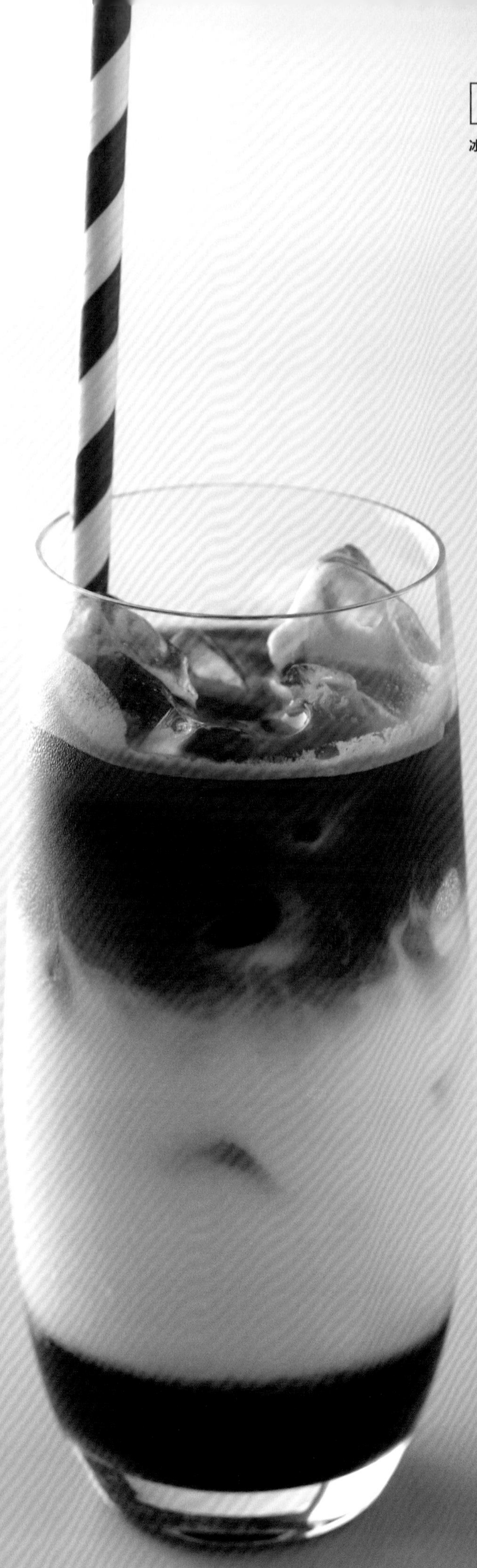

Iced Caffe Latte with Blueberry & Rose Flavor

藍莓玫瑰拿鐵

使用兩種以上的調味糖漿或醬汁，可調製出花樣更為豐富的飲品。

這款「藍莓玫瑰拿鐵」使用的是藍莓醬與玫瑰糖漿。

故意使用不易融合的藍莓醬是為了讓客人在攪拌之後，享受到更多口中的變化。

Recipe

單份義式濃縮咖啡

牛奶　180公克

MONIN　藍莓水果綜合水果醬　30公克

MONIN　玫瑰糖漿　15毫升

①將藍莓醬與冰塊放入冰鎮過的玻璃杯。

②將拌勻的玫瑰糖漿與冰牛奶倒入玻璃杯。（※玫瑰糖漿也可拌入藍莓醬，但是與牛奶混拌時，玫瑰風味更加明顯）

③將萃取的義式濃縮咖啡緩緩倒在冰塊上。

Point

● 「藍莓×玫瑰」的素材組合

● 提供沒有拌過的藍莓醬。

Iced Caffe Latte with Maron & Espresso in Montblanc Style

栗子與義式濃縮咖啡營造的蒙布朗風味

將經典的乾卡布奇諾變化成蒙布朗

隆起得像座小山的奶泡看起來就像是歐洲阿爾卑斯山最高峰的白朗峰。

這次要將「栗子」與「黑醋栗」搭在一起。

可依照客人的口味將栗子糖漿換成肉桂糖漿，調出更加複雜的風味。

除了竹香與竹杯接觸嘴唇時的美妙觸感之外，在隆起的奶泡表面撒上肉桂糖粉的經典卡布奇諾風格也是這款飲品的重點。

宛如設計品的奶泡也是值得玩味之處。

Recipe

單份義式濃縮咖啡

牛奶　150公克

栗子膏　15公克

MONIN　栗子風味糖漿（或是肉桂糖漿）　10毫升

黑醋栗　10毫升

鮮奶油　10毫升

Topping

肉桂糖粉　適量

①製作乾卡布奇諾專用（紮實）奶泡。將牛奶徹底加熱後，以冰水讓奶泡降溫與凝固。

②將栗子膏倒入雪克杯，再倒入萃取的義式濃縮咖啡溶化栗子膏。

③將栗子風味糖漿、黑醋栗、鮮奶油、冰塊倒入步驟②的雪克杯搖晃。

④準備一個盛了冰塊的竹杯。以孔洞較小的濾酒器一邊過濾，一邊將飲料倒入竹杯裡。

⑤鋪上冷卻凝固的奶泡。

⑥撒上肉桂糖粉當裝飾。

Memo

　　將栗子風味糖漿換成肉桂糖漿，可讓風味變得更為複雜。

Point

● 「栗子×黑醋栗」的絕妙組合

● 栗子的風味與竹子的質感譜出「和風」的交響樂。

● 隆起的奶泡。可試著將肉桂糖粉撒在奶泡表面當作設計。

● 使用竹杯。咖啡杯、玻璃杯、餐具、都是為創意飲品增添魅力的重要道具。

藉由冰水冷卻，可以在短時間內確實做出紮實的奶泡。

Shakerato

冰搖咖啡

加糖的義式濃縮咖啡經過搖晃後，
倒入雞尾酒杯或香檳杯端給客人的冰飲品。
加入少許的鮮奶油再搖晃，
味道會變得更加圓潤。
一邊想像著理想中的冰搖咖啡，
一邊調整甜度與搖晃的方法。

Recipe

雙份義式濃縮咖啡

MONIN Sugar糖漿　15毫升

鮮奶油　10毫升（※可視口味使用）

Topping

咖啡粉　適量

①將非裝飾用的材料與冰塊倒入雪克杯搖晃。

②將步驟①的成品倒入冰鎮過的玻璃杯。

③撒上咖啡粉當裝飾。

Memo

為了增加糖漿特有的黏性而使用Sugar糖漿，也可以改用砂糖。

Point

● 想像著理想中的冰搖咖啡，調整甜度與搖晃的方法。

（例）**使用淺烘焙的咖啡豆**

➡輕輕的搖晃（讓冰塊滲出的水降至最低，讓香味更加明顯）。

使用深烘焙的咖啡豆

➡徹底地搖晃（深烘焙的咖啡豆較不會被水稀釋，所以一邊搖入空氣，一邊完成咖啡）。

輕輕的搖晃就是讓手腕小幅度搖晃。
幅度太大會把冰塊搖成碎冰。

White Peach &
White Chocolate
Shakerato

白桃與白巧克力的冰搖咖啡

將白桃的清爽甜味與白巧克力濃醇甜味這種對照般的甜味組合起來，
是這款花式飲料的最大特徵。
裝飾用的小荳蔻可為這款飲料畫龍點睛。
調製過程中需要搖晃，所以當然可以使用風味醇厚的深烘焙咖啡，
有花香味或香草味的咖啡也與白桃或小荳蔻很對味。

Recipe

單份義式濃縮咖啡
牛奶　20毫升
MONIN　白桃糖漿　10毫升
MONIN　白巧克力糖漿　5毫升
Topping
小荳蔻　1～2顆

①將小荳蔻放入磨缽，研磨杵磨碎。
②將小荳蔻之外的材料與冰塊倒入雪克杯搖晃。
③將步驟②的成品倒入冰鎮過的玻璃杯。
④撒上小荳蔻當裝飾。

Point
● 「白桃×白巧克力」的組合
● 以小荳蔻的風味增添重點。

Caramelized Western Pear & Cherry Shakerato

焦糖化洋梨與櫻桃的冰搖咖啡

在腦中合成「香氣」與「味道」，享受兩者的交乘效果

在雞尾酒裡加入兩種香氣，在腦中合成「香氣」與「味道」，
享受兩者迸發出的交乘效果就是這款飲品的主題。
兩種香氣就是咖啡與香草（例如肉桂、月桂葉、百里香），
可先準備放了咖啡粉的玻璃杯與放了香草的玻璃杯。
一隻手拿著雞尾酒杯，另一隻手拿著某種香味的玻璃杯，
然後將雞尾酒含在口中，仔細聞看看飲用前後的香氣。
此時「咖啡粉的香味」一定會更有咖啡風味，
如果是聞「香草的香氣」的話，會讓雞尾酒的風味變化更複雜。

Recipe

雙份義式濃縮咖啡
洋梨　1/2個
紅糖　2公克
Calvados 蘋果白蘭地　30毫升
櫻桃利口酒　10毫升
Garnish
肉桂棒　1～2根
月桂葉　2瓣
百里香　1枝
咖啡粉　適量

①利用噴槍炙燒三種香草（肉桂棒、月桂葉、百里香），烤出香氣（A）
（※請不要過度炙燒）。將玻璃杯罩在A上面，讓香草的香氣轉移到玻璃杯。
②準備兩種香氣要用的玻璃杯。一支玻璃杯放咖啡粉，另一支放剛剛炙燒的三種香草（肉桂棒、月桂葉、百里香）。
③以冰水緩解剛萃取的義式濃縮咖啡的餘熱。
④將洋梨切成1公分寬的片狀，接著在上面撒一點紅糖，然後用噴槍將紅糖烤成焦糖。
⑤將步驟④的成品、蘋果白蘭地、櫻桃利口酒倒入波士頓雪克杯，然後以研磨杵將材料搗碎，再拌入放涼的義式濃縮咖啡。
⑥將冰塊倒入步驟⑤的雪克杯再搖拌。
⑦準備一支放了冰塊的玻璃杯，再以雙重的濾酒器一邊過濾步驟⑥的材料，一邊倒入玻璃杯裡。
⑧端上步驟⑦的玻璃杯的同時，提供另一支帶有香氣的玻璃杯。

炙燒三種香草，烤出香氣後，讓香氣轉移到玻璃杯上。

Point

● 這是將香草香氣轉移到玻璃杯的手法。冰飲品的香氣不如熱飲品容易揮發，而香草可以彌補這點的不足。
● 這次的核心素材是洋梨。與同是薔薇科的水果（例如蘋果、櫻桃）搭配，味道會變得更有層次。

Caffe Mocha

摩卡咖啡

以剛萃取的的熱義式濃縮咖啡溶化巧克力，再與加熱的牛奶搭配，
就是這款巧克力風味的經典飲品。
摩卡咖啡的魅力在於濃醇的甜味以及利用巧克力醬描繪的「巧克力拉花」。

Recipe

單份義式濃縮咖啡

牛奶　150公克

MONIN　黑巧克力醬　20公克（使用冰摩卡則需40公克）

可可粉　適量

Topping

巧克力醬　適量

可可粉　適量

堅果　適量

糖粉　適量

咖啡粉　適量

①將巧克力與可可粉倒入耐熱玻璃杯（咖啡杯）。（※可可粉可視個人口味使用）

②拌入萃取的義式濃縮咖啡。

③拌入少量的加熱牛奶。（※為的是讓巧克力、義式濃縮咖啡、牛奶融為一體）

④倒入剩下的加熱牛奶。

⑤鋪上奶泡。（※可換成打發的鮮奶油）

⑥利用巧克力醬描繪花紋。（要在奶泡表面繪製的話，動作要快一點，不然牛奶裡的氣泡很快就冒出來）

⑦撒上可可粉、堅果、糖粉、咖啡粉當裝飾。

> ## Memo
>
> ● 巧克力可使用固體的或是巧克力醬、巧克力糖漿。（※不過，固體的比巧克力醬或糖漿更難融化與攪拌）
>
> ● 由於冰摩卡咖啡放了冰塊，所以與熱摩卡咖啡相較之下，更難嘗出甜味，所以要使用比熱摩卡咖啡多一倍的巧克力。

Point

● 不同的巧克力有不同的甜度與苦味，請視情況調整分量。

● 可視個人喜歡選用奶泡或是鮮奶油。奶泡的口感會比較輕盈。

● 利用巧克力醬描繪「巧克力拉花」。繪製巧克力拉花可讓飲品更為吸晴。

若能打出美麗的奶泡，就能輕鬆地將巧克力醬塗在上面。

只需要稍微改變畫線的方法，就能讓花紋的種類變得更多元。

摩卡咖啡 ～應用～

Strawberry & Armond Mocha

草莓杏仁摩卡咖啡

「咖啡×草莓×杏仁」是超級對味的組合。
巧克力拉花上面疊一層草莓粉，可為這款飲品增添顏色鮮豔的設計。

Recipe

單份義式濃縮咖啡

牛奶　150毫升

MONIN　草莓糖漿　10毫升

MONIN　杏仁糖漿　5毫升

Topping

巧克力醬　適量

草莓粉　適量

堅果　適量

糖粉　適量

①將草莓糖漿與杏仁糖漿倒入耐熱玻璃杯（咖啡杯）。

②拌入萃取的義式濃縮咖啡。

③倒入少量加熱過的牛奶。（※為的是讓糖漿、義式濃縮咖啡、牛奶融合）

④倒入剩下的加熱牛奶。

⑤鋪上奶泡。（※也可以改用打發鮮奶油）

⑥在表面以巧克力醬繪製花紋。（※如果是在奶泡上面繪製，動作要快一點，否則牛奶裡的氣泡很快就冒出來）

⑦撒上草莓粉、堅果、糖粉當裝飾。

Point

● 這是「咖啡×草莓×杏仁」的絕妙組合。

● 巧克力拉花與草莓粉共同營造出色彩鮮豔的設計。

Spicy Caffe Cioccolata with Orange & White Chocolate

橘子與白巧克力的辛香巧克力咖啡

這次是與精品咖啡搭配，是一種看似平凡卻又有點意外的組合。

這是「Bar ISTA」特調飲料的一種。

是在精品咖啡加入橘子糖漿與白巧克力醬&利口酒。

如果只有這樣就略顯單調，所以特別加了三種香料

營造味道的層次感。

Recipe

單份義式濃縮咖啡

A ┌ 牛奶　200毫升
　│　MONIN　橘子糖漿　10毫升
　│　MONIN　白巧克力醬　5公克
　│　白巧克力利口酒　30毫升
　│　肉桂粉　適量
　│　肉荳蔻粉　適量
　└　薑粉　適量

Topping

乾燥橘子　1個

百里香　1枝

①將材料A倒入拉花鋼杯再以蒸氣加熱。
②將步驟①的成品倒入耐熱玻璃杯（咖啡杯）。
③從玻璃杯的邊緣緩緩倒入萃取的義式濃縮咖啡。
④在玻璃杯的邊緣加點裝飾。

Memo

● 若要調製軟性飲料，可利用白巧克力醬取代白巧克力利口酒的分量。

● 也可利用白巧克力糖漿取代白巧克力醬，不過白巧克力醬的風味較為濃郁。

Point

● 這是「精品咖啡×橘子×白巧克力」的組合。

● 加入香料營造味道的層次。

Espresso Tonic

濃縮通寧

濃縮通寧不只在世界各地，在日本也慢慢地成為一種標準的創意飲品。
在義式濃縮咖啡的層次加入通寧水的清爽甘苦風味，造就這款嶄新的碳酸飲料。
在攪拌這兩種材料之際冒出來的「泡泡」也是特徵之一，
義式濃縮咖啡的Crema的量與倒入的方法也會讓泡泡的量有所增減。
濃縮通寧與具有柑橘風味的清爽咖啡很對味。

Recipe

單份義式濃縮咖啡
通寧水　100毫升
萊姆片　1片

①將萊姆片與冰塊放入冰鎮過的玻璃杯。
②緩緩地倒入通寧水。
③將義式濃縮咖啡緩緩倒在冰塊上，讓飲料自然分成兩層。

Point

● 講究的是義式濃縮咖啡與通寧水的平衡。義式濃縮咖啡可視個人口味
增加至雙份。

● 如果是以義式濃縮咖啡→通寧水的順序倒入玻璃杯，會冒出太多泡
泡，因此比較推薦通寧水→義式濃縮咖啡的順序。

● 義式濃縮咖啡的Crema越多，泡泡就會越多。

● 倒入義式濃縮咖啡的時候，緩緩倒入可讓飲品變成兩層，快速倒入可
讓泡泡增加。

● 喝的時候可輕輕攪拌（太用力攪拌會使泡泡急速增加，導致飲料溢出
來）。若不使用吸管，泡泡的多寡會營造不同的口感。

緩緩地將義式濃縮咖啡倒在冰塊上面。

Espresso Tonic | Arrange

濃縮通寧 ～應用～

Triple Sec, E.T

白橙皮酒　E.T

這款飲品使用了具有柑橘風味的咖啡，
同時加入橘皮精華製作的白橙皮酒，再以迷迭香畫龍點睛。
E.T是濃縮通寧的縮寫。
濃縮通寧光是選用不同的糖漿就會變化出不同的風味，
所以是一種可以在店內輕鬆提供的創意飲品。

Recipe

單份義式濃縮咖啡
通寧水　100毫升
MONIN　橙皮糖漿　10毫升
Topping
迷迭香　1枝

①將橙皮糖漿與冰塊放入冰鎮過的玻璃杯。
②緩緩倒入通寧水。
③緩緩地將義式濃縮咖啡倒在冰塊上，讓飲料自然分層。
④以迷迭香當裝飾。

> **Memo**
> ● 除了柑橘類的糖漿之外，白桃、接骨木花、薑汁類的糖漿都合適。
> ● 若是想做成雞尾酒，可使用君度橙酒或干邑橙酒。

Point
● 「義式濃縮咖啡×通寧水」的分層飲料。
● 這是「濃縮通寧×調味糖漿」的組合。使用不同的糖漿可營造多元的變化。
● 以迷迭香的香氣增添重點。

Spiced Espresso with Gin Tonic

辛香義式濃縮咖啡琴通寧

濃縮通寧與琴通寧
互相映襯的雞尾酒

這是一款想像著盛夏季節去到森林裡，在綠意環繞的環境下飲用的雞尾酒。
磨碎香料（固體的小荳蔻、丁香、肉桂）後，當下泡在義式濃縮咖啡裡醃漬。
以適合搭配香料的百香果糖漿增加甜味，打造這一杯適合夏天風格的雞尾酒。

Recipe

單份義式濃縮咖啡
琴酒　20毫升
通寧水　60毫升
MONIN　百香果糖漿　10毫升
小荳蔻　1個
丁香　2個
肉桂棒　1/3根
Topping
萊姆塊　1塊

①將香料（小荳蔻、丁香、肉桂棒）倒入磨缽，以研磨杵磨碎。
②將義式濃縮咖啡萃取在步驟①的磨缽裡，讓香料泡在義式濃縮咖啡醃漬。
③將冰塊、琴酒、通寧水、百香果糖漿倒入冰鎮過的玻璃杯。
④將用來醃漬香料的義式濃縮咖啡拌入步驟③的玻璃杯裡。
⑤將萊姆塊裝飾在玻璃杯的邊緣。

Point
● 香料磨碎後，立刻加在義式濃縮咖啡裡醃漬。醃漬的時間與香料的量可視個人喜歡的香料風味強度控制。
● 這是「香料×百香果」的組合。

圖中是小荳蔻、丁香、肉桂磨碎後的樣子。將義式濃縮咖啡萃取在這個磨缽裡，讓香料泡在其中醃漬。

Approach to Creative Drinks

邁向創意飲品的道路

　　我在調製創意飲品的時候，最重視的是①有沒有故事或主題、②大部分的人是否覺得好喝。因此，為了在味道上不要太過冒險，我很重視味道的「均衡」與是否「容易入口」。

　　使用咖啡調製創意飲品的時候，通常可分成兩種思維（手法），只要會使用這兩種手法，就能輕鬆地調製出創意飲品。

　　一種是我稱為「分解」再構築的技巧，這是以咖啡為「核心素材」，再以其他素材搭配咖啡，創造新滋味的方法。這可說是讓咖啡的風味或特性增幅的方法。P.96頁介紹的「咖啡美食」就是其中之一。

　　另一個方法就是將咖啡當成形塑雞尾酒風味的「元素之一」，依照某個主題將看似與咖啡毫無關聯的多種素材，搭配咖啡組合成新的風味。P.80介紹的「木乃香」其中之一。

　　從使用咖啡調製的飲品與不使用咖啡調製的飲品，一直到軟性飲料與酒精飲料，能調製如此多元的飲料的是酒吧裡的咖啡師，但是我對於使用咖啡調製的飲料算是「情有獨鍾」吧。

　　我自己相當重視，在「Bar ISTA」也很受歡迎的是「愛爾蘭咖啡」。愛爾蘭咖啡被譽為是「全世界最受歡迎的咖啡雞尾酒」，也是日本精品咖啡協會（SCAJ）主辦的Japan Coffee in Good Spirits Championship」（JCIGSC）的題目之一。

　　「Bar ISTA」的愛爾蘭咖啡為了讓喜歡喝酒的人的喜歡，也為了讓偶爾才喝酒的人喜歡，只加了一點點的酒，也為了不讓咖啡太濃而加了一點甜味，調整成更容易入口的風味。

　　愛爾蘭咖啡是連接咖啡師與酒保的雞尾酒，不管是過去還是未來，都是我必須以咖啡師的身份不斷挑戰的雞尾酒。

第2章

Coffee_ Non Espresso Creative Drinks

非義式濃縮咖啡·創意飲料

這是使用非義式濃縮的萃取方法（手沖、法式濾壓、愛樂壓、虹吸）的咖啡飲料集。每種萃取方法都會介紹Basic（基本）──Arrange（應用）──Creative（創意）這三種飲料。

Drip Coffee

手沖咖啡

手沖萃取的濾網大致可分成濾紙、布濾網與金屬濾網，
本書介紹的是濾紙的手沖咖啡。
每間店家都有屬於自己的不同手沖方法。
為了能穩定萃取咖啡，我採用的手沖方法是利用電子秤仔細地測量萃取量與萃取時間，
並且依照豆子調整研磨的粗細度、粉量、水溫與水量。

Recipe

咖啡豆　15公克
熱水　200毫升

①將濾紙裝在濾杯上，再緩緩淋上熱水（材料外的分量）加熱濾杯。濾
壺也先用熱水加熱，然後倒掉熱水。
②將磨成粉的咖啡豆倒入濾杯，再將濾杯放在濾壺上。
③第一次注入熱水（約30毫升）時，盡可能均勻地淋溼所有咖啡粉，
讓咖啡粉釋放氣體。
④第二次注入熱水（約70毫升）後，稍微等待一下。
⑤注入第三次熱水（約100毫升）。

Point
● 用電子秤測量萃取量與萃取時間。
● 依照豆子調整研磨的粗細度、粉量、水溫與水量。

以電子秤測量萃取量與萃取時間，可
維持萃取的穩定性。

Virgin
Irish Coffee

純真愛爾蘭咖啡

這次介紹的愛爾蘭咖啡是利用手沖咖啡製作的，
所以沒有義式濃縮咖啡機的店家也能輕鬆沖煮。
手沖時，濾紙會濾掉咖啡的油脂，所以若是直接使用萃取的咖啡，飲品會自然分成兩層。
（若是使用義式濃縮咖啡，必須在萃取之後濾掉Crema）
這次調製的是非酒精飲料，所以冠上「純真（Virgin）」這個字眼。

Recipe

手沖咖啡　約150毫升
MONIN　愛爾蘭糖漿　20毫升
鮮奶油　15毫升
Topping
咖啡豆　三顆

①將剛萃取的手沖咖啡倒入耐熱玻璃杯。
②拌入愛爾蘭糖漿。
③Dry Shake鮮奶油，過濾後，盛在玻璃杯上層。
④加上咖啡豆當裝飾。

Point
● 使用手沖咖啡調製愛爾蘭咖啡的方案。

Sangria
Cafe Royale

桑可利亞皇家咖啡

咖啡與葡萄酒配對，昇華為「皇家咖啡」

以「用咖啡製作的優雅雞尾酒」為概念，
選擇在精釀方法、風土條件與風味這些層面與咖啡共通的葡萄酒來搭配。
這次是融合手沖咖啡與白葡萄酒，接著再加入君度橙酒的柑橘風味，
接著添加杏仁甜酒的堅果甜味、蜂蜜的甜味以及茴香的香氣，
而這款飲品也帶有向皇家咖啡（以火點燃浸泡於白蘭地的方糖，
賞玩白蘭地的香氣與火焰的雞尾酒）這款雞尾酒致敬的意思。

Recipe

手沖咖啡　約90毫升

白葡萄酒　30毫升

君度橙酒　10毫升

杏仁甜酒　10毫升

蜂蜜　10公克

茴香　1個

白蘭地　適量

生命之水（spirytus）　適量

螺旋橘子皮　1條

①將白葡萄酒、君度橙酒、杏仁甜酒、蜂蜜倒入耐熱玻璃杯攪拌後，連同玻璃杯一起利用義式濃縮咖啡機的蒸氣加熱。（※如果沒有義式濃縮咖啡機，可利用微波爐、鍋子加熱）
②拌入萃取的手沖咖啡再加入茴香。
③將螺旋橘子皮徹底浸泡在白蘭地液（白蘭地與生命之水拌勻的酒液）裡面。
④將螺旋橘子皮架在玻璃杯上再點火。

Memo

「螺旋橘子皮」可使用刨皮器將橘子皮刨下來，再將橘子皮繞在棍子上，直到成形為止再拿下來。

Point

● 咖啡與葡萄酒的配對。

● 利用白蘭地與螺旋橘子皮呈現美麗的火焰。

法式濾壓咖啡　～基本～

French Press Coffee

法式濾壓咖啡

被稱為浸泡法的法式濾壓可連咖啡的油脂都一併萃取，
所以能萃取出咖啡素材原有的風味。
即便不是咖啡專賣店的店家，只要知道配方，
就能做出與專賣店相同風味的咖啡，而這也是法式濾壓咖啡的魅力。

Recipe

（※1.5杯量）
咖啡豆　15公克
熱水　260毫升

①注入熱水（材料外的熱水分量）加熱法式濾壓壺之後，倒掉熱水。
②將磨好的咖啡豆倒入法式濾壓壺。
③注入熱水再攪拌。
④蓋上法式濾壓壺的蓋子，靜置兩分半鐘～四分鐘再萃取。

Point

●依照豆子種類與飲品種類決定配方（研磨的粗細度、粉量或萃取時間
這類條件）。

熱水建議使用剛煮沸的熱水。

French Press Coffee with Fresh Fruits

新鮮水果法式濾壓咖啡

這次要使用三種新鮮水果（蘋果、麝香葡萄、橘子）與咖啡一同萃取，
再利用紅糖調整風味。
這是一款不擅喝咖啡的人也能輕鬆品嚐的創意飲品，
特別是味道還非常溫醇。

Recipe

咖啡豆　10公克
熱水　180毫升
蘋果　1/8個
麝香葡萄　4粒
橘子　1/8顆
紅糖　6公克
Topping
螺旋橘子皮　1條
螺旋蘋果皮　1條
麝香葡萄　1顆

①將蘋果、麝香葡萄、橘子分別切成2公分丁狀。（※為的是方便以研碎杵搗碎）
②隔水加熱步驟①的水果。（※為的是不降低萃取的溫度。也可以只淋熱水）
③將隔水加熱過的水果與紅糖倒入法式濾壓壺，再以研磨杵搗碎。
④將研磨好的豆子倒入步驟③的法式濾壓壺再注入熱水。稍微攪拌後，靜置四分鐘再萃取。
⑤將步驟④的材料倒入耐熱玻璃杯裡。
⑥在玻璃杯的杯緣加上裝飾。

Point
● 讓新鮮水果與咖啡一同萃取。

以研磨杵將隔水加熱的新鮮水果搗碎。

Hot Butterd Caffe with Apple & Rose

蘋果玫瑰熱奶油咖啡

以「身心都感到舒適」為主題，
從熱奶油蘭姆酒轉化而來的雞尾酒

利用Calvados蘋果白蘭地與咖啡調製的熱奶油蘭姆酒（以蘭姆酒作為基底的雞尾酒）變化而成。
蘋果具有養顏美容效果，玫瑰則有讓身心放鬆的效果，咖啡則具有舒緩壓力的效果。
一邊用蠟燭的火加熱，一邊享受玫瑰花茶香氣的咖啡雞尾酒。

Recipe

法式濾壓咖啡　約120毫升

Calvados　蘋果白蘭地　15毫升

干邑橙酒　1 tsp

奶油　2公克

自製蘋果糖漿　10毫升

蘋果伏特加　1 tsp

Garnish

咖啡粉　適量

玫瑰茶（茶葉）和　粉紅玫瑰0.5公克、紅玫瑰0.5公克

熱水　適量

①將蘋果白蘭地、干邑橙酒、奶油倒入拉花鋼杯，再以噴槍融化奶油，同時讓酒精焰燒。
②拌入法式濾壓壺萃取的咖啡與蘋果糖漿。
③拌入蘋果伏特加。（※最後再倒蘋果伏特加是這款飲品的重點）
④準備盛放咖啡粉與蠟燭的特製玻璃杯。將特製玻璃杯放在大盤上，再點燃蠟燭。將玫瑰
茶葉放入盤子裡再注入熱水。
⑤將步驟③的材料倒入耐熱玻璃杯裡，再放在特製的玻璃杯上面。

Memo

● 「蘋果糖漿」的製作方法：將現榨的蘋果汁與細砂糖在不加熱的情況下，以1：
1的比例徹底拌勻。如果覺得不夠酸，可加點檸檬汁調整。

● 「蘋果伏特加」的製作方法：（※方便製作的分量）：將30公克的乾燥蘋果浸泡在
80毫升的伏特加裡一週。

Point

● 最後才倒蘋果伏特加可增添豐富醇厚的蘋果風味。伏特加可選用能直接勾勒出浸泡素材風
味的Spirits。

● 具備新鮮水果的水嫩與酸味的自製蘋果糖漿。自製糖漿會有最自然的味道。

● 以蠟燭與玫瑰的香氣營造氣氛。

Aeropress Coffee

愛樂壓咖啡

愛樂壓除了方便攜帶，萃取的速度也很快。
由於擁有類似義式濃縮咖啡以及手沖咖啡的味道，
所以能用來製作各式各樣的飲料，這也是一大魅力之一。
請依照使用的豆子種類與飲品種類決定配方吧。

Recipe

咖啡豆　15公克
熱水　220毫升

①將濾紙安裝在愛樂壓的壺身裡，再倒入磨好的豆子，注入20毫升的熱水，悶蒸15秒左右。
②注入約200毫升的熱水，讓所有咖啡粉均勻浸潤。
③將活塞壓筒安裝在壺身上，然後花30秒左右往下壓，萃取出咖啡。

Point
● 依照豆子種類與飲品種類決定配方（濾紙的種類、研磨的粗細度、粉量、攪拌次數以及壓萃的速度）。

攪拌的次數與壓萃的速度會使咖啡的味道改變。

Iced Irish Coffee

冰愛爾蘭咖啡

愛樂壓除了能快速萃取咖啡，濃度的調整也很簡單，
是一種很適合立即製作冰咖啡的萃取方式。
這次介紹的「冰愛爾蘭咖啡」使用的是愛樂壓咖啡，
也使用了與咖啡對味的覆盆子來調製這杯創意飲品。

Recipe

愛樂壓咖啡　約110毫升
MONIN　愛爾蘭糖漿　20毫升
MONIN　覆盆子糖漿　10毫升
鮮奶油　45毫升

Topping

冷凍乾燥覆盆子　適量

①將萃取的愛樂壓咖啡放在冰水裡急速降溫。
②將冰塊、冰鎮過的愛樂壓咖啡、愛爾蘭糖漿、覆盆子糖漿倒入調酒杯攪拌。
③Dry Shake鮮奶油後，過濾。
④將步驟②的材料注入冰鎮過的玻璃杯，再讓步驟③的奶油漂浮在表面。
⑤加上乾燥覆盆子當裝飾。

Point

● 使用愛樂壓咖啡製作的愛爾蘭咖啡。

● 重點是覆盆子的風味與甜味。

Caffe Elegante

時尚咖啡

能同時喝到泡泡的「時尚」咖啡雞尾酒

這次以咖啡雞尾酒世界大會（WCIGSC）競賽項目「Spirit Bar」製作的雞尾酒為題材。
Spirit Bar是一項從SKY伏特加、噶瑪蘭威士忌、干邑橙酒之中，
當場選一種調製原創咖啡雞尾酒的競賽。
這杯「時尚咖啡」是以愛樂壓咖啡、伏特加、紫羅蘭糖漿調製的雞尾酒，
搭配君度橙酒與檸檬糖漿製作的泡泡（aire）。
這裡的泡泡能為這杯雞尾酒帶來均勻的口感與酸味。

Recipe

愛樂壓咖啡　約45毫升
伏特加　15毫升
MONIN 紫羅蘭糖漿　10毫升
君度橙酒　20毫升
MONIN 檸檬糖漿　10毫升
水　60毫升
卵磷脂　5公克
Topping
檸檬塊或檸檬皮　適量

①將萃取的愛樂壓咖啡放在冰水裡降溫。
②將君度橙酒、檸檬糖漿、水、卵磷脂拌勻後，以空氣幫浦注入空氣，打出泡泡。
③將冰塊、冰鎮後的愛樂壓咖啡、伏特加、紫羅蘭糖漿倒入調酒杯攪拌。
④將步驟③的成品倒入冰鎮過的玻璃杯，再將泡泡鋪在表面。
⑤以檸檬塊（或檸檬皮）當裝飾。

Point
● 這是「咖啡×伏特加×紫羅蘭糖漿」的組合。
● 為雞尾酒加上增添口感、酸味的泡泡。

Siphon Coffee

虹吸式咖啡

虹吸式咖啡是利用特殊道具的蒸氣壓力落差萃取的咖啡。
由於能呈現很炫的效果，所以有許多咖啡館選擇在顧客面前萃取咖啡，
也因為是高溫萃取的方式，所以能萃取出「香氣」四溢的美味咖啡。
萃取的重點在於攪拌咖啡粉與熱水的方法。
為了在玻璃上座內產生完美的對流，必須徹底地將咖啡粉與熱水攪拌均勻。

Recipe

咖啡豆　15公克
熱水　160毫升

①將熱水倒入玻璃下座，再以酒精燈將熱水煮至沸騰。
②將磨成粉的咖啡豆放入玻璃上座，再將玻璃上座插入玻璃下座。當玻璃下座的熱水被吸到玻璃上座之後，以木製攪拌棒將咖啡粉與熱水拌勻，等待20～40秒後再萃取。
③再次輕輕攪拌後，熄掉酒精燈的火。等到咖啡完全流到玻璃下座為止。

Point
● 讓咖啡粉與熱水攪拌均勻（要注意的是，過度攪拌會有損風味）。

在玻璃上座裡攪拌可產生對流，讓咖啡粉均勻地化開。

Siphon Coffee with Herbal Tea

花草茶咖啡

這次將「香味都很美妙」的虹吸式咖啡與花草茶（洋甘菊）組合之餘，
也利用與洋甘菊對味的蘋果補足甜味。
為了讓香氣更加濃郁，建議裝在有蓋子的玻璃杯裡，
將香氣鎖在杯子裡面。

Recipe

咖啡豆　10公克
熱水　150毫升
洋甘菊茶葉　2公克
乾燥蘋果　15公克

①將熱水倒入玻璃下座，再以酒精燈加熱至沸騰為止。
②將洋甘菊茶葉與乾燥蘋果倒入玻璃上座，再將玻璃上座插入玻璃下座。等到玻璃下座的熱水被吸到玻璃上座後，以木製攪拌棒攪拌，靜置一分半鐘之後萃取。
③倒入磨好的咖啡豆再仔細攪拌，靜置30秒之後萃取。
④再次輕輕攪拌後，熄掉酒精燈的火，等到萃取液完全流到玻璃下座為止。
⑤將萃取液注入有蓋子的耐熱玻璃杯。

Point
● 這是利用虹吸式咖啡的「美妙香氣」調製的創意飲品。
● 這是咖啡與花草茶（虹吸式咖啡×洋甘菊花草茶）的組合。

讓乾燥蘋果與洋甘菊一起萃取後，再倒入磨好的咖啡豆萃取。

Konoka

木乃香

以「自然的療癒」為主題的
熱咖啡雞尾酒

這次組合的是栗子、威士忌、杏桃籽的利口酒、咖啡、木頭香氣這五種素材。
這款雞尾酒使用的是森林淨水釀造的威士忌（白州），營造出醇厚滋味，
再以栗子增添甜味，然後用咖啡營造華麗清亮的酸味，
最後再以具有杏桃、堅果香氣的杏仁甜酒創造複雜的滋味。
倒入木頭杯子可增添木香，蘊釀出多元的「自然療癒感」。

Recipe

虹吸式咖啡　約60毫升

栗子泥　10公克

MONIN　栗子風味糖漿　5毫升

威士忌（白州）　10毫升

杏仁甜酒　10毫升

Garnish

檜木屑　適量

①將栗子泥與栗子風味糖漿拌勻後，再倒入威士忌與杏仁甜酒拌勻。
②將步驟①的成品倒入拉花鋼杯裡，再倒入虹吸式咖啡拌勻。
③將步驟②的成品倒入木頭杯子。
④在檜木屑噴水（材料以外的分量），讓木屑揮發木頭香氣。
⑤將木屑附在木杯旁邊再端給客人。

Point
● 這是將咖啡當成雞尾酒味道元素之一的手法（參考P.54）。
● 想要加入更多複雜的味道時，可將栗子風味糖漿換成肉桂糖漿。

一邊隔水加熱一邊拌勻材料（栗子泥、栗子風味糖漿、威士忌、杏仁甜酒）。隔水加熱是為了在拌入虹吸式咖啡之前，保持材料的溫度。

在檜木屑噴水。

Meeting People and Things through Creative Drinks

創意飲品帶來的無限關係

與酒保、調酒師的邂逅

讓我與創意飲品產生關聯的是酒保與調酒師。

而影響我最多的酒保與調酒師是大渕修一先生。我與他是在日本精品咖啡協會（SCAJ）主辦的咖啡雞尾酒競賽（JCIGSC）認識，大渕先生是第一次、第三次JCIGSC冠軍，我則是第二次與第四次的冠軍，輪流獲得冠軍頭銜。彼此既是競賽時的夥伴，也是我重要的朋友。

我在第一次JCIGSC看到大渕先生與天才調酒師岩本博義先生的比賽後，對他們那「魅惑人心」的技術非常感動。之後大渕先生與岩本先生也教導我許多知識，看到他們的服務內容後，了解自己對吧台人員的基本技術理論（為什麼要使用這種技法，這種技法又能創造什麼效果）還未充分理解。除此之外，在知道酒保與調酒師平常就很注重技術、表現舉止、材料的細節之後，也深受衝擊。

身兼酒保·調酒師的大渕修一先生。

一直以來，我為了學習吧台技術，也為了增廣見聞而常去不同的酒吧，我遇見的吧台人員都很親切，不管是技術還是材料的知識，都毫不猶豫地教導我，所以我才能在自己的店應用這些知識，或是當成競賽時的競賽內容編排參考。

被JCIGSC選為日本代表，於2016年參加世界大會（WCIGSC）的時候，曾榮獲Bartender World Championship的奈良「LAMP BAR」經營者兼酒保的金子道人先生也給了我許多建議。我請他幫忙大會前的訓練，也請教他一些展現的方式以及味道的方向性，他也給了我許多世界冠軍才知道該如何面對世界大會的建議。在過程中，金子先生舉了三種「如果是我，會用這個」的威士忌，在全部試過後，從中選出的是於P.100創意飲品「Starlet」使用的裸麥威士忌。

與他們邂逅之後，還了解了許多其他的事情。

例如開始對「材料」很有興趣，所以很喜歡調查當令的水果與蔬菜有哪些，也喜歡使用沒吃過的水果或蔬菜，這也讓我在調製飲品時，多了很多與材料有關的選擇。

　　此外，除了飲品之外，也開始學習甜點與料理，慢慢地也知道該如何將這些技術應用在飲品的調製上。本書介紹了應用分子廚藝製作的創意飲品，但是教導我分子廚藝的也是調酒師。

　　讓我了解創意飲料的魅力的是酒保與調酒師，他們對技術的上進心、對材料的好奇心以及持之以恆的耐力，還有覺得自己一定能更上一層樓的自信，都給我非常強烈的刺激。能與他們相會，才有現在的我。

與烘豆師「Unir」的相遇

前排中央是「Unir」代表山本尚先生，左側為「Unir」首席咖啡師山本知子女士，其他則是在背後支持「Unir」的工作人員。

　　自從「Bar ISTA」開業以來，就一直很照顧我的是京都精品咖啡專賣店「Unir」。身為經營者的山本尚先生與知子女士是一對夫妻，他們希望自己能像是傳教士般，真摯地推廣那些在味道、品質與理念都深受他們喜愛的精品咖啡，我也非常尊敬他們兩位以及「Unir」對咖啡毫不妥協的態度。

Meeting People and Things through Creative Drinks

「Unir」的每一種豆子都有鮮明的個性，也都是以突顯豆子特徵的方式烘焙。正因為「很信賴烘豆師烘焙的豆子」，所以我們咖啡師才能煮出好喝的咖啡。此外，在咖啡比賽時，為了活用豆子的特徵並且將之呈現在飲品中，都必須具備「對豆子的理解與信賴」。只要信賴豆子，在需要調整配方時，就只需要徹底重新檢討與改善自己的技術。

我參加 JCIGSC 和 WCIGSC 的時候，「Unir」讓我選擇豆子，也依照我在比賽時提供的飲品調整豆子烘焙的程度。就像這樣，在參加比賽時，這種與「烘豆師的密切互動」也是非常重要的。

對 MONIN 糖漿的想法

日法貿易株式會社從法國進口銷售 MONIN 糖漿。使用這類糖漿的 Signature Coffee 大會（MONIN COFFEE CREATIVITY CUP）是於 2015 年開始舉辦，我也是第一屆的冠軍。

我在這場大會調製的飲料「布爾日咖啡」（P.92）是一款以 MONIN 糖漿與咖啡為主材料，一邊活用 MONIN 糖漿特有的「自然風味」以及「美妙的香氣」，一邊追求創造性的無酒精咖啡雞尾酒。

因為參加這次大會而認真面對風味糖漿的我了解到 MONIN 糖漿的多元化魅力（接近新鮮素材的味道、香氣、色澤以及種類的繁多）。必須在短時間內調製大量飲品時，MONIN 糖漿絕對是能立刻派上用場的幫手。此外，它與自製的糖漿不同，不會有個別的差異，所以能穩定地調製飲品的味道。

筆者愛用的 MONIN 糖漿（部分）

參加大會之後，我試著使用各類 MONIN 糖漿調製飲品，對於飲品的種類與視野也變得越來越開闊。參加與 MONIN 糖漿有關的活動時，我也希望自己以展示者身份，宣揚「MONIN 糖漿 × 精品咖啡」的可塑性與魅力。對我來說，MONIN 已經是我調製創意飲品時不可或缺的道具。

[[[Information]]]

對咖啡雞尾酒競賽的想法

咖啡雞尾酒競賽與 Signature Coffee 大會都讓我了解創意飲品的魅力。

我從 2013 年開始，連續參加由日本精品咖啡協會（SCAJ）主辦的咖啡雞尾酒競賽（JCIGSC）。JCIGSC 雖然有很多規則，但其中最令我重視的是「市場性」與「獨創性」。前者代表咖啡雞尾酒是否能被廣泛接受，後者展現咖啡雞尾酒是否具有獨一無二的特性，以及創造性是否豐富。一杯咖啡雞尾酒需要同時符合這兩項相反的要素，一開始讓我很混亂，但是當我熟悉比賽之後，我才了解因為這些事很重要，所以才會被設定為規則，每一條規則都有其意義所在。

比賽前，我會連續幾天進行刻苦的訓練，這是一段在腦袋的某個角落整天思考的特殊時間。只要沒想到我覺得可行的創意，我就會一直思考比賽的內容，而想到創意之後，也得花很多時間研究。預賽與決賽製作的飲品在方向上不會有太大的改變，但多少還是會有差異，所以我會在通過預賽後，參考拿到的分數表調整飲品，然後再進行決賽。

我想調製的是讓觀眾同時「驚訝」與「感動」的咖啡雞尾酒。我總是耗盡心思地設計整個調整的過程，希望評審與身為觀眾的顧客能享受眼前的一切。如果沒有真的想要「讓評審或顧客品嚐並向他們傳達真正的味道」，就無法製作出好的飲品。

進入世界大會後，周圍的每位參賽選手都擁有鮮明的個性。作為一個咖啡師，必須要有鮮明的個性才能表達作品的美好之處，而我有一段時間一直為了這個問題煩惱。說到個性，我只想到很吸睛的人或表演，但是某個人跟我說「能真摯地面對所謂的『美味』正是野里你的優點喔」之後，讓我的心情變得非常輕鬆，所有的煩惱也一掃而空。

JCIGSC 2016、MONIN COFFEE CREATIVITY CUP 2015 以及 JCIGSC 2016 的優勝獎座。

參加比賽的意義為何？除了可讓技術與知識更上一層樓，如果能在店裡提供在比賽時調製的飲品，或是能利用呈現給評審的方式配合每位客人的需求，向他們傳遞飲品的意涵，那麼參加比賽這件事就會變得更有意義。我會盡可能讓比賽與平常店裡的生意有所連結，盡可能將比賽時使用的技術活用於每天的生意。

　　此外，既然參加比賽，我就很執著於得到「冠軍」，因為這是對所有支持我的人最好的回報。我總是抱著「我一定要獲得冠軍，而且這是最後一次機會」的心情挑戰比賽。

筆者的參賽紀錄與得獎紀錄

2016年
・第四次JCIGSC
　（Japan Coffee in Good Spirits Championship）冠軍
・WCIGSC
　（World Coffee in Good Spirits Championship）第七名
2015年
・第一屆MONIN COFFEE CREATIVITY CUP冠軍
2014年
・第二次JCIGSC冠軍
・WCIGSC第七名
2013年
・第一屆JCIGSC決賽
2010年
・JLAC（Japan Latte Art Championship）決賽
2009年
・JLAC決賽
・第二屆BLENZ Latte Art錦標賽亞軍

第3章

Competition Style Creative Drinks

競賽・創意飲料

搜羅了筆者於咖啡雞尾酒競賽以及Signature Coffee大會製作的創意飲品。

Rikyu

利休

透過咖啡雞尾酒體驗日本文化

這是2014年參加咖啡雞尾酒世界大會（WCIGSC）提供的作品。

那是我第一次參加世界大會，所以才以「透過咖啡雞尾酒體驗日本文化」為主題。

除了使用紅豆泥、抹茶這類和風素材與竹杯之外，也刷了一杯抹茶，

並將茶筅放在一旁當裝飾，營造和風的世界觀。

打成泡泡（Aire）的抹茶可突顯香氣，擺上茶筅讓喝的人將泡泡與雞尾酒拌在一起，

在體驗茶道的氣氛中享用這道飲品。

咖啡選用的是哥斯大黎加FARAM（具有覆盆子與柑橘風味的咖啡豆），

利口酒則選擇蘭姆酒（Ron Zacapa）以及與抹茶對味的柑橘類利口酒（干邑橙酒）。

將所有的素材調勻後，能品嘗到高級巧克力的風味。

Recipe

雙份義式濃縮咖啡

紅豆泥　15公克

蘭姆（Ron Zcapa）　15毫升

干邑橙酒　1 tsp

鮮奶油　1 tsp

Topping

橘子皮　適量

抹茶泡泡　適量

可利用抹茶奶油（照片右側）代替抹茶泡泡。

①將紅豆泥倒入拉花鋼杯，再倒入萃取的義式濃縮咖啡調開紅豆泥，接著拌入蘭姆酒、干邑橙酒與鮮奶油（※可視個人口味以Sugar糖漿調整甜味，也可增加鮮奶油的分量）

②將步驟①的拉花鋼杯放在冰水裡降溫。

③將步驟②的成品與冰塊放入雪克杯裡搖晃。

④將步驟③的成品濾到竹杯裡，再加上橘子皮裝飾。

⑤附上抹茶的泡泡與茶筅再呈上桌面。

「抹茶泡泡」的製作方法　（※方便製作的分量）

抹茶　1公克

卵磷脂　1公克

熱水　50毫升

①將材料拌在一起，然後以茶筅刷勻。

②利用空氣幫浦注入空氣，將材料打成泡泡。

> Memo
>
> ● 抹茶泡泡可換成抹茶奶油（將抹茶粉拌入打發鮮奶油的奶油）。
> ● 如果要調製成無酒精飲料，可使用和三盆糖漿，也可加入肉桂粉，讓味道變得複雜。

Point

● 利用素材、器皿、呈現方式表現「和風」的世界觀。

● 利用抹茶泡泡當裝飾。打成泡泡可活用抹茶的香氣。

Specialty
Irish Coffee

特調愛爾蘭咖啡

將精品咖啡的特色發揮到極限的愛爾蘭咖啡

這是2014年奪得咖啡雞尾酒日本大會（JCIGSC）冠軍的作品。

「愛爾蘭咖啡」是該大會決賽的競賽項目之一。

足以作為咖啡雞尾酒代表的愛爾蘭咖啡基本上是將加糖的打發鮮奶油與威士忌拌勻，

然後在上面鋪一層奶油，

而這款「特調愛爾蘭咖啡」的最大特徵則是為了讓精品咖啡的風味更為明確，

除了咖啡本身之外，連奶油與糖漿都使用了精品咖啡。

在大會的時候，選用的是瓜地馬拉的El Socorro

（草本味明顯，具有蜂蜜、覆盆子與柑橘類風味的豆子）。

Recipe

雙份義式濃縮咖啡

愛爾蘭威士忌（波希米爾10年） 20毫升

咖啡糖漿（※使用精品咖啡） 20毫升

熱水　90毫升

咖啡奶油（※使用精品咖啡） 50毫升

Topping

咖啡粉（※於大會比賽時不使用） 適量

①加熱威士忌，直到飄出香氣為止，再倒入耐熱玻璃杯。

②以雙重的濾酒器將義式濃縮咖啡過濾至玻璃杯裡。（※使用孔洞較小的濾酒器）。

③拌入咖啡糖漿與熱水。

④過濾Dry Shake過的咖啡奶油，再讓咖啡奶油漂浮在義式濃縮咖啡表面。

⑤撒上咖啡粉當裝飾。

Memo

● 「咖啡糖漿」的製作方法：在法式濾壓壺萃取的咖啡拌入同量的細砂糖。

● 「咖啡奶油」的製作方法：將咖啡豆完全浸泡在鮮奶油裡靜置一晚。

利用雙重的濾酒器過濾Crema（因為殘留Crema的話，在上面鋪奶油的時候會融在一起）。

過濾Dry Shake過的奶油。Dry Shake的奶油質地較粗，過濾可讓質地變細。

左側為咖啡糖漿，右側是只要移轉咖啡風味的咖啡奶油。

Point

● 添加的甜味與奶油都使用了咖啡，藉此強調咖啡的風味。

● 濾掉義式濃縮咖啡的Crema。希望與奶油的對比更為鮮明或是使用草本味明顯的素材與味道纖細的素材（例如新鮮水果）時，有時會需要濾掉Crema。另一方面，若是搭配味道濃厚的素材，以及想做出咖啡風味感強烈的飲料時，可積極使用Crema。

Cafe
Bourges

布爾日咖啡

在MONIN糖漿誕生的街道，
向法國布爾日致敬

這是在使用MONIN的第一屆Signature Coffee大會
（MONIN COFFEE CREATIVITY CUP 2015）奪得冠軍的作品。
在義式濃縮咖啡（瓜地馬拉El Morito）與MONIN糖漿
（有咖啡風味與布爾日特產的蘋果風味）調製的飲料裡鋪上風味糖漿
（玫瑰&覆盆子糖漿）的泡泡。
玫瑰象徵的是在世界遺產布爾日大教堂前盛開的玫瑰，
覆盆子是增添咖啡風味的來源。像品飲紅酒的時候搖晃酒杯，
讓泡泡與飲料融為一體後，就能品嚐到有如香檳般的躍動口感。

Recipe

雙份義式濃縮咖啡

MONIN 青蘋果糖漿　15毫升

風味糖漿的泡泡　適量

（※方便調製的分量）

　MONIN 玫瑰糖漿　15毫升

　MONIN 覆盆子糖漿　15毫升

　卵磷脂　5公克

　水　45毫升

Topping

切碎Bell玫瑰　適量

Bell玫瑰　1朵

①以雙重的濾酒器過濾義式濃縮咖啡，藉此濾掉Crema。（※選用孔洞較小的濾酒器）

②將步驟①的義式濃縮咖啡容器放入冰水降溫。

③將冰塊、降溫的義式濃縮咖啡、青蘋果糖漿倒入調酒杯攪拌均勻。

④接著製作風味糖漿的泡泡。利用打蛋器稍微拌勻材料後，利用空氣幫浦注入空氣。（※如果很難發泡，可利用果汁機將卵磷脂打成粉狀）

⑤將步驟③的成品注入冰鎮過的玻璃杯，再將泡泡鋪在上面。

⑥擺一些切碎的Bell玫瑰當裝飾，再將Bell玫瑰放在玻璃杯的杯緣當裝飾。

Point

● 為了突顯MONIN糖漿特有的香氣，這次將糖漿打成泡泡。打成泡泡可讓香氣更為明顯也更為持續。

● 這次搭配義式濃縮咖啡的只有青蘋果糖漿，為的是讓彼此的風味更為明顯。

● 為了突顯義式濃縮咖啡與青蘋果糖漿各自的味道，這次採用的是攪拌而非搖晃。

● 入口的第一個味道是泡泡的香氣，接著是飲品的味道，最後是泡泡與飲品混合的風味。這是一杯能一次享受三種風味的無酒精雞尾酒。

利用空氣幫浦將空氣打入材料，製作泡泡。

以攪拌的方式混合義式濃縮咖啡與青蘋果糖漿。

Muscat Short Cake

麝香葡萄蛋糕

向西式甜點致敬的「新型態設計」
雞尾酒

這是2016年於咖啡雞尾酒日本大會JCIGSC獲得冠軍的作品。

顧名思義，是以西式甜點為題材的甜點雞尾酒。

分成上下兩層的雞尾酒雖然很常見，

不過這款「麝香葡萄蛋糕」的特徵在於分成「左右兩層」。

左邊只有奶油，右側則是在奶油上面疊一層加了金巴利

（以苦橙與藥草為原料）的奶油。

使用在奶油加入利口酒的甜點技術，

可強調與原型的西式甜點的關聯性。

作為基底的雞尾酒是由具有麝香葡萄與莓果風味的咖啡

（薩爾瓦多 Las Ventanas）與源自葡萄的干邑白蘭地

以及麝香葡萄風味糖漿調製而成。

利用具有咖啡風味的覆盆子醬畫出中央的線條，

讓這杯雞尾酒變成可從三個方向品嚐的作品。

裝飾盤子的麝香葡萄、橘子皮與覆盆子，

與液體的元素之間都有關聯性。

Recipe

雙份義式濃縮咖啡

干邑白蘭地（吉利天鵝Jules Gautret 10年） 20毫升

自製麝香葡萄糖漿　30毫升

金巴利　1 tsp

鮮奶油　45毫升

Topping

覆盆子醬　適量

①將小型的拉花鋼杯放在盛有冰水的波士頓雪克杯，再於拉花鋼杯上方配置兩個孔洞較小的濾酒器。接著倒入義式濃縮咖啡，將Crema濾掉。

②將干邑白蘭地與麝香葡萄糖漿拌入步驟①的容器裡。

③準備兩個玻璃杯，一杯倒入金巴利。Dry Shake鮮奶油之後，將鮮奶油均勻濾到兩個玻璃杯裡。盛有金巴利的那邊需要均勻攪拌。（※千萬別過度攪拌，不然奶油會變硬）

④將步驟②的成品倒入冰鎮過的馬丁尼杯。左右手各拿一個步驟③的玻璃杯，再以相同的速度與時間點，從馬丁尼杯的左右兩側杯緣倒入奶油，讓奶油漂浮在表面。

⑤以覆盆子醬繪製花紋。

Memo

「麝香葡萄糖漿」的製作方法：將麝香葡萄放入慢磨榨汁機榨成汁，再以麝香葡萄汁2：細砂糖1的比例拌勻。

將小型的拉花鋼杯放在盛有冰水的波士頓雪克杯，再將義式濃縮咖啡濾到拉花鋼杯裡，讓義式濃縮咖啡降溫。所有的步驟都在同一處完成。

搖晃時放入彈簧可以更容易搖出泡泡（照片裡的彈簧是從濾酒器拆下來的）。

於相同的時間點將奶油緩緩倒入馬丁尼杯。

最後以覆盆子醬加上裝飾。

Point

● 「左右兩層」的新型雞尾酒手法

● 在中央位置以覆盆子醬加上裝飾，這杯雞尾酒就能從左、右、中央這三個方向品嚐。

Cafe Gastronomy

咖啡廚藝

這次應用了分子廚藝的技術。
這是分解再構築愛爾蘭咖啡的雞尾酒

這是於2016年咖啡雞尾酒日本大會（JCIGSC）預賽提供的作品。
是以「在餐廳用餐後的愛爾蘭咖啡」為主題，
利用分子廚藝的技術以及分解再構築的技巧（P.54），
製作了這杯原創的愛爾蘭咖啡。
設計成甜點模樣的威士忌果凍與奶油搭配玻璃杯裡的雞尾酒一起享用時，
愛爾蘭咖啡將於口中自動完成。
威士忌果凍是以分子廚藝的技術製作（以素食吉利丁製作創意果凍的技術）。
注入玻璃杯的雞尾酒是與咖啡（浦隆地 加哈地）調勻，
而咖啡的風味是由覆盆子、百香果、柚子構成。

Recipe

單份義式濃縮咖啡

覆盆子利口酒　5公克

乾燥柚子皮伏特加　3公克

MONIN 百香果糖漿　3公克

熱水（80℃）20公克

Topping

鮮奶油　2公克

威士忌果凍　2個

①將非裝飾用的材料拌勻，再倒入玻璃杯。

②將鮮奶油與威士忌果凍放入湯匙裡。

③將威士忌果凍附在玻璃杯旁邊再端上桌。

「乾燥柚子皮伏特加」的製作方法（※方便製作的分量）

將20公克的乾燥柚子浸泡在100毫升的伏特加一週。

「威士忌果凍」的製作方法（※方便製作的分量）

A ┌ 威士忌 40毫升

　　MONIN Sugar 糖漿　20毫升

　　糊精　1.5公克

　└ 水　120毫升

B ┌ 素食吉利丁（※西班牙SOSA公司生產）15公克

　　細砂糖　30公克

　└ 水　300公克

「威士忌果凍」的製作方法　步驟①

①將拌勻的材料A倒入半圓型的冰塊模型，再放入冷凍室凝固。

②將材料B倒入鍋裡加熱，沸騰後關火。放涼至70～75℃。

③從冰箱取出步驟①的成品，再放入步驟②的成品裡。重覆「沾2秒、拿起來2秒」的步驟兩次，就能做成果凍。（※沾的時間太長會使果凍的外膜變硬）

「威士忌果凍」的製作方法　步驟②

④將果凍放入冰箱，讓果凍裡的威士忌融化。融化成液體的威士忌之後，一切的準備就完成了。

Point

● 這是藉由分解再構築「愛爾蘭咖啡」所製成的雞尾酒。分解再構築的手法請參考P.54。

● 應用分子廚藝技術製作的威士忌果凍。

過兩次素食吉利丁液的威士忌果凍。

Alexandria

亞歷山卓

質感、風味各異的三層
彼此和諧的「成熟風咖啡雞尾酒」

這是於2016年的咖啡雞尾酒世界大會（WCIGSC）提供的作品。

主題是「在國外的咖啡廳，在特別的日子裡，

與特別的人一起享用的成熟風咖啡雞尾酒」。

玻璃杯上層的部分是義式濃縮咖啡慕斯，

中間的是只經過攪拌的義式濃縮咖啡，

下層則是與麝香葡萄利口酒調勻的干邑白蘭地。

之所以選擇麝香葡萄利口酒是為了與具有麝香葡萄風味的咖啡（薩爾瓦多 Las Ventanas）搭配。

將義式濃縮咖啡慕斯調製成帶有淡淡甜味的味道，

可與中間層（帶有苦味的義式濃縮咖啡）維持平衡。

這質感、風味各異的三層將於口中融為一體。

Recipe

雙份義式濃縮咖啡

干邑白蘭地（吉利天鵝10年） 20毫升

麝香葡萄利口酒（MISTIA） 10毫升

MONIN Sugar 糖漿　15毫升

糊精　2公克

MONIN Sugar 糖漿（※用於義式濃縮咖啡慕斯） 5公克

Topping

金粉　適量

左側是正在攪拌義式濃縮咖啡的情況，右側則正把義式濃縮咖啡打成慕斯。

①準備兩個小型拉花鋼杯與兩個盛有冰水的波士頓雪克杯，再將小型拉花鋼杯放入波士頓雪克杯裡（共有兩組）。將萃取的義式濃縮咖啡（雙份），均勻倒入各拉花鋼杯裡（各倒一份）。一邊放入冰塊攪拌，冰鎮後，取出冰塊（A）。另一邊倒入糊精與Sugar 糖漿，再以手持攪拌棒打成慕斯（B）。

②將冰塊、干邑白蘭地、麝香葡萄利口酒、Sugar 糖漿倒入調酒杯攪拌。

③步驟②的成品倒入冰鎮後的玻璃杯，再將步驟A倒在上層，接著再倒入步驟B的成品。

④撒上金粉當裝飾。

Point

● 這是三層的雞尾酒，每層的質感與風味都不同，除了各有個性也彼此協調。

● 當場可製作的義式濃縮咖啡慕斯。

● 為了顧及下層的干邑白蘭地的味道與口感，所以採用攪拌的手法而非搖晃。

緩緩倒入義式濃縮咖啡與義式濃縮咖啡慕斯。

Starlet

明星

干邑橙酒魚子醬與
裸麥威士忌的搭配

這是於2016年咖啡雞尾酒世界大會（WCIGSC）提供的作品。

主題是「在餐廳用餐之後的咖啡雞尾酒」。

這杯雞尾酒使用了分子廚藝的技術（製作人工鮭魚卵的技術），

搭配以干邑橙酒製成的粒狀果凍「干邑橙酒魚子醬」。

這是以愛樂壓與水溶液製作的「干邑橙酒魚子醬」

作為呈現方式再以魚子醬（果凍）的口感所調製的雞尾酒。

裸麥威士忌特有的辛香風味能勾勒出咖啡（薩爾瓦多 Las Ventanas）的酸味。

為了帶出裸麥威士忌×咖啡的香氣，

徹底搖晃杯身，再以威士忌的試飲杯端上桌。

這是一杯能同時享受到檸檬與百里香香氣的高雅熱雞尾酒。

Recipe

單份義式濃縮咖啡

裸麥威士忌（Bulleit Rye） 15毫升

MONIN 百香果糖漿 8公克

熱水 20毫升

干邑橙酒魚子醬 15公克

Topping

檸檬塊 適量

百里香 1枝

①將裸麥威士忌與百香果糖漿倒入玻璃杯。

②倒入萃取的義式濃縮咖啡與熱水。

③加入適量的干邑橙酒魚子醬，再將玻璃杯拿在手裡搖晃20次。

④在玻璃杯杯緣加上裝飾。

⑤將剩下的干邑橙酒魚子醬盛入小碗，再與玻璃杯一併端上桌。

「干邑橙酒魚子醬」的製作方法（※方便製作的分量）

干邑橙酒 15毫升

乳酸鈣水溶液（3％） 200毫升

海藻酸鈉水溶液（1.5％） 40毫升

糖粉 適量

①將乳酸水溶液倒入調酒杯。

②將愛樂壓的壺身放在調酒杯上（濾紙要用兩張）。將干邑橙酒、海藻酸鈉水溶液、糖粉倒入壺身後均勻攪拌（A）。

③將活塞壓筒安裝在壺身上，再慢慢施壓，粒狀的A就會在乳酸鈣水溶液裡沉澱。

④將A濾出來之後，以水洗淨。（※這次要調製的是熱雞尾酒，可在調製之前先淋點熱水）

Point

● 使用分子廚藝技術製作的干邑橙酒魚子醬。

● 引出咖啡酸味的裸麥威士忌。

● 這是「咖啡×裸麥威士忌×百香果」的組合。

「干邑橙酒魚子醬」的製作方法 步驟③

第4章

Non Coffee Creative Drinks

非咖啡·創意飲料

這是不使用咖啡的創意飲品集。

搜羅了筆者於「Bar ISTA」以及各種活動提供的雞尾酒與無酒精雞尾酒。

Camomilla
Con Fruta

洋甘菊佐水果

獻給重視美麗與放鬆的女性。
清爽的無酒精雞尾酒

這是使用洋甘菊茶與新鮮水果的創意飲品。
蘋果、麝香葡萄這類風味清爽的水果搭配焦糖化的蘋果，
可增添焦香的風味。
「水果×花草茶」的組合是作者調製創意飲品的常用手法，
兩種材料的組合可讓味道變得更立體。

Recipe

洋甘菊茶
　　洋甘菊茶葉　2公克
　　熱水　60毫升
蘋果片（※去皮）6片
紅糖　適量
麝香葡萄　6～10個
MONIN Sugar 糖漿　20毫升

Topping

麝香葡萄　1個
蘋果片（※帶皮）1片

①先萃取洋甘菊茶，再以冰水降溫。

②將蘋果片（包含裝飾用的蘋果片，去皮6片、帶皮1片）鋪在耐熱盤上面。均勻地在各蘋果片表面（單面即可）撒上紅糖，再以噴槍炙燒成焦糖。

③將降溫的洋甘菊茶、表面焦糖化的蘋果片（去皮的6片）、麝香葡萄、Sugar 糖漿以果汁機攪拌均勻。

④在冰鎮過的玻璃杯倒入冰塊再注入步驟③的成品。

⑤在玻璃杯的邊緣放上麝香葡萄與表面焦糖化的蘋果片當裝飾。

在蘋果片表面撒上紅糖，再以噴槍烤成焦糖。紅糖與水果很對味，是很適合作成焦糖的素材。

Memo

● 如果麝香葡萄的甜味太強，可使用6顆就好，若是甜味不明顯，可使用8～10顆。如果手邊沒有麝香葡萄可改用其他的白葡萄。

● 調製成雞尾酒的時候，可使用Ciroc伏特加（以葡萄製成）或Earl Grey利口酒。

Point

● 這是水果×花草茶（蘋果&麝香葡萄×洋甘菊茶）的組合。

● 焦糖可營造焦香風味與甜味。

Fig & Hibiscus Cocktail with Basil Sorbet

無花果洛神花雞尾酒佐羅勒雪酪

利用當令時節很短的無花果
增添有趣的變化

這次使用無花果搭配花草（洛神花）與干邑白蘭地。

不加干邑白蘭地的無酒精飲料也很美味。

將雞尾酒與羅勒雪酪（sherbet）

裝在不同的玻璃杯端上桌，

可嚐到兩者不同的風味，

等到雞尾酒的溫度略為上升，

再將雪酪拌入雞尾酒，

就能嚐到有別於冷冽的風味。

這是一杯有兩種、三種美味的雞尾酒。

Recipe

無花果　1～2個
洛神花茶
　　洛神花茶的茶葉　2公克
　　熱水　60毫升
干邑白蘭地　20毫升
MONIN　青蘋果糖漿　10毫升
羅勒雪酪　30公克
檸檬片　1片

①萃取出洛神花茶後，以冰水降溫。
②將降溫後的洛神花茶、無花果、干邑白蘭地、青蘋果糖漿倒入波士頓雪克杯，再以研磨杵搗爛。
③將冰塊加入步驟②的成品裡再搖晃。
④以雞尾酒濾網與濾酒器將步驟③的成品濾到玻璃杯。（※以雞尾酒濾網〈兩層孔洞較大的濾酒器〉過濾，孔洞比較不會被堵住，可以早點倒入杯子裡，口感也剛剛好）
⑤將檸檬片放入裝羅勒雪酪的玻璃杯裡，再將雪酪放在檸檬片上面。
⑥在步驟⑤的玻璃杯上面放盛有雞尾酒的玻璃杯。

Memo

「羅勒雪酪」的製作方法（※約15杯量）

羅勒　30公克
細砂糖　80公克
水　200毫升
白葡萄酒　100毫升
檸檬汁　45毫升

①將細砂糖、水倒入鍋中加熱，等到細砂糖融化後關火。放涼後，拌入白葡萄酒與檸檬汁。（※若要做成無酒精飲料，可在加熱時，就先倒入白葡萄酒，讓酒精揮發）
②將步驟①的成品放入冷凍庫等待凝固。
③將步驟②的成品與羅勒倒入食物調理機拌勻。

Point

● 這是水果×花草茶（無花果×洛神花茶）的組合
● 為了引出新鮮水果（無花果）的美味，這次使用波士頓雪克杯搖晃。

利用研磨杵將水果類的素材搗爛。每種水果的酸味與甜味都不同，一定要先嚐過味道，再以檸檬汁或糖漿調味。

波士頓雪克杯比一般的雪克杯大，所以冰塊的晃動幅度較大，也比較容易跑入空氣，所以很適合引出水果的美味。

Mojito with Elderflower's ESPUMA

莫希多接骨木花佐泡沫

讓全球標準化的雞尾酒
多點變化

這是為了「Bar ISTA」周年紀念調製的雞尾酒。
這是在於古巴誕生，
具有薄荷與柑橘香氣的雞尾酒「莫希多」加入創意，
進一步追求美味的雞尾酒。
奢侈地使用薄荷、萊姆、檸檬的莫希多
搭配接骨木花的泡泡之後，風味變得更豐富，
也增添了泡泡特有的口感。

Recipe

薄荷葉　10～15瓣
檸檬片　1片
萊姆片　1片
蘭姆酒　30毫升
MONIN Sugar 糖漿　15毫升
蘇打水　60毫升
接骨木花的泡泡　適量（※方便製作的分量）
　MONIN　接骨木花糖漿　30毫升
　吉利丁　3公克
　水　150毫升

①將材料倒入ESPUMA發泡器，打出接骨木花的泡泡。（※可利用ESPUMA專用的粉代替吉利丁）
②將薄荷葉放入容器，再加入檸檬片與萊姆片（各1片，切成1/8大小，然後再使用各4小塊）。接著倒入蘭姆酒與Sugar 糖漿，再以研磨杵搗碎。
③將冰塊與步驟②的成品倒入冰鎮過的玻璃杯。（※莫希多常使用碎冰，但是碎冰會干擾泡泡的口感，所以這次使用小冰塊或是大冰塊）
④將蘇打水注入玻璃杯再攪拌。
⑤倒入檸檬片與萊姆片（步驟②剩的各4小塊）。
⑥將接骨木花的泡泡鋪在上層。

Memo

● 若要調製無酒精飲料，可拿掉蘭姆酒。
● 將Sugar 糖漿換成黑糖糖漿可增加醇厚感，換成水果糖漿可增添水果風味。

Point

● 利用「接骨木花的泡泡」替莫希多增加變化。
● 「接骨木花的泡泡」可營造不同的口感與風味。

步驟②（用研磨杵搗碎之前）。為了不把薄荷搗得太碎，記得放在容器的底層（搗得太爛會有苦味）。

輕輕地疊上接骨木花的泡泡。

Plum & Rose Bellini

洋李玫瑰貝里尼

精心打扮的女性喜歡的派對雞尾酒

紅酒基底的雞尾酒「貝里尼」。

而這款「洋李玫瑰貝里尼」則是使用了香檳。

裝飾在香檳杯杯緣的覆盆子薄片是以女性的口紅為意象。

以裝有玫瑰精華液的噴霧器與Bell玫瑰裝飾托盤，營造典雅的氣氛。

Recipe

洋李（※切成適當大小） 100公克

MONIN 玫瑰糖漿 20毫升

檸檬汁 適量

香檳 滿杯

Topping

冷凍乾燥覆盆子薄片 適量

①在冰鎮過的玻璃杯的杯緣（半圓）抹上洋李果汁，再將覆盆子薄片沾在上面。

②將洋李、玫瑰糖漿、檸檬汁倒入波士頓雪克杯，再以研磨杵搗爛。

③將冰塊倒入步驟②的波士頓雪克杯再搖晃。

④以雞尾酒濾網以及濾酒器過濾步驟③的成品。

⑤將步驟④的成品注入玻璃杯，再從上方注入香檳，最後稍微攪拌一下。

Point

● 這是「洋李×玫瑰」的組合。

● 以覆盆子薄片裝飾

Pear & Shiso Smoothie with Yuzu Flavor

梨子紫蘇慕斯佐柚子風味

和洋合壁，風情萬種的夏季雞尾酒

這是一款能享受到梨子與紫蘇、

日式素材與西洋精神絕佳搭配的雞尾酒。

紫蘇可突顯梨子與干邑白蘭地的風味，

柚子可增添酸味與風味的重點。

這次為了更容易入口而加了蘇打水，但也可以視個人口味調整。

Recipe

梨（※切成一口大小再放入冷凍庫結凍）150公克

紫蘇葉　1/2瓣

柚子汁　適量

干邑白蘭地　40毫升

MONIN Sugar 糖漿　20毫升

蘇打水　60毫升

Topping

紫蘇　1瓣

柚子塊　適量

①除了紫蘇與裝飾用的材料之外，將所有材料放入果汁機打勻。

②將紫蘇切碎再拌入步驟①的成品裡。

③將步驟②的成品注入盛有冰塊的玻璃杯。

④加上裝飾。

紫蘇不需以果汁機攪拌，而是後來再拌入（若是以果汁機攪拌，整杯飲品的顏色會變得混濁）。

Point

● 「梨子×紫蘇」的絕妙組合。

● 「日式素材」與「西洋精神」的完美搭配

● 以柚子的酸味與風味增添重點。

White Peach & Elderflower Sparkling Smoothie

白桃接骨木花氣泡水果泥

讓疲憊粉領族找回活力的
水果泥

以白桃（水果）與接骨木花（花草）為材料，
打造這杯在夏天頗受歡迎的「水果泥」之後，
再加入蘇打水增加「氣泡」。
若是在咖啡館裡，可利用經典的薑泥增加風味重點。

Recipe

A 　白桃（※切成一口大小再放入冷凍庫冷凍）100公克
　　MONIN 接骨木花糖漿　20公克
　　檸檬汁　4公克
　　生薑（磨成泥）　0.5公克

蘇打水　120毫升

Topping
薑片　1片
百里香　1枝

①以攪拌器拌勻材料A與60毫升的蘇打水。（倒入蘇打水比較容易拌勻材料）
②將冰塊倒入冰鎮過的玻璃杯再注入步驟①的成品。
③緩緩倒入60毫升的蘇打水再輕輕攪拌。
④在玻璃杯的杯緣加上裝飾。

Point
● 這是水果×花草（白桃×接骨木花）的組合。
● 重點在於薑泥風味。
● 用夾子去固定裝飾素材。在國外的酒吧常看到用夾子固定的方法。

緩緩倒入蘇打水再輕輕攪拌，碳酸才不會揮發。

Flavored Cheesecake Milk Shake

起士蛋糕奶昔

以飲品的方式重現甜點。
這是向起司蛋糕致敬的創意飲品

若能以飲品重現蛋糕的話……這個作品就是根據這個想法創作的變化系列。

創意來源是鳳梨風味的起司蛋糕。

先解構這種起司蛋糕的元素，

再使用鳳梨、椰子糖漿、奶油起司這些能用在飲品調製上的材料，

然後撒點與鳳梨對味的黑胡椒粉作為結尾。

沾在玻璃杯杯緣的堅果脆餅以及在盤子上撒出叉子圖案的糖粉，

都為這道飲品營造出甜點的感覺。

這可說是最符合「喝的甜點」這個名詞的飲品。

Recipe

鳳梨片（罐頭） 2片

鳳梨罐頭的糖水 30毫升

MONIN 椰子糖漿 20毫升

檸檬汁 10毫升

牛奶 90毫升

奶油起司 15公克

Topping

堅果脆餅 適量

黑胡椒粉 適量

①在冰鎮過的玻璃杯杯緣抹點鳳梨汁，再沾點搗碎的堅果脆餅。

②以果汁機攪拌非裝飾用的材料。

③將冰塊放入玻璃杯後，再注入步驟②的成品。

④撒點黑胡椒粉。

以鳳梨汁與堅果脆餅在玻璃杯杯緣加上裝飾。

利用黑胡椒粉的辛辣與風味增加重點。

> Memo
>
> ● 做成雞尾酒的時候，可使用白蘭姆酒。
> ● 「椰子糖漿」的製作方法：煮沸椰子水後，倒入細砂糖，以椰子水溶化細砂糖。兩者的比例為1：1。

Point

● 解構再建構「鳳梨風味的起司蛋糕」所製作出的雞尾酒。解構再建構的手法請參考P.54。

● 「鳳梨×黑胡椒」的絕妙搭配。

● 玻璃杯&盤子的裝飾。

Earl Grey & Elderflower Tea Soda

伯爵茶與接骨木花的蘇打茶

香氣豐富、喉感清爽的蘇打茶

這是以「適合夏季飲用的紅茶創意飲品」為主題，
將具有清爽香氣的素材（伯爵茶、接骨木花、橘子）組合起來的飲品。
利用伯爵茶與蘇打水做出兩層結構，再撒點橘子塊營造清爽的印象。
最後利用迷迭香增加複雜又多層次的香氣。

Recipe

伯爵茶

　　伯爵茶茶葉　2公克

　　熱水　60毫升

MONIN　接骨木花糖漿　20毫升

蘇打水　40毫升

橘子片　1片

Topping

迷迭香　1枝

①先萃取伯爵茶，再以冰水降溫。

②將冰塊、接骨木花糖漿倒入冰鎮過的玻璃杯，再注入蘇打，然後攪拌。

③加入切成半月型的橘子片。

④將降溫後的伯爵茶緩緩倒在杯中的冰塊上，倒出兩層的構造。

⑤利用噴槍炙燒迷迭香，燒出香氣後，插在玻璃杯裡。

要端上桌之前再以噴槍炙燒迷迭香，讓香氣發揮到極致。

Memo

做成雞尾酒的時候，可改用伯爵茶利口酒或接骨木花利口酒。

Point

● 這是香氣清新的素材組合（伯爵茶×接骨木花×橘子）。

● 「伯爵茶×蘇打水」的兩層構造。

● 利用迷迭香增添複雜又多層次的香氣。

Western Pear
& Rose Tea
Fresh Fruits Shake
with Sweet Violet Flavor

洋梨玫瑰花茶佐新鮮水果昔　～紫羅蘭香氣～

洋溢著成熟魅力與冶豔氣息的水果雞尾酒

這是配合洋梨的當令時節，在「Bar ISTA」推出的特調飲品之一。
在裝滿了碎冰與Bell玫瑰的特製玻璃杯上面擺放雞尾酒玻璃杯。
這是一杯能夠品嚐到以碎冰鎖住洋梨×玫瑰茶×紫羅蘭（Violet）的高雅風味的雞尾酒。

Recipe

洋梨（※切成適當大小）　100公克
玫瑰茶
　　紅玫瑰花茶　1 tsp
　　粉紅玫瑰花茶　1 tsp
　　熱水　60毫升
紫羅蘭利口酒　30毫升
MONIN　玫瑰糖漿　10毫升
Bell玫瑰　適量

①萃取玫瑰花茶後，以冰水降溫。
②將洋梨、冰鎮的玫瑰花茶、紫羅蘭利口酒、玫瑰糖漿倒入波士頓雪克杯，再以研磨杵搗爛。
③將冰塊倒入步驟②的波士頓雪克杯再搖晃。
④以雞尾酒濾網以及濾酒器過濾步驟③的成品。
⑤將步驟④的成品注入雞尾酒玻璃杯。
⑥將雞尾酒玻璃杯安裝在特製玻璃杯（裝滿碎冰，再撒入Bell玫瑰）的上面。

Memo

　若要做成無酒精飲料，可將紫羅蘭利口酒換成紫羅蘭糖漿。

Point

● 這是水果×花草茶（洋梨×玫瑰花茶）的組合。
● 到最後都能享受到冰涼口感的玻璃杯組合。

Sour with Apple & Cinnamon Infused Bourbon

肉桂蘋果波本沙瓦

一改對波本威士忌的印象。
輕盈的冰塊風味雞尾酒

在蘋果&肉桂波本威士忌加入乾燥蛋白粉營造質地細膩的泡泡,讓口感變得更為滑順。

利用三溫糖營造醇厚滋味,再以檸檬補足清爽感。

這是讓源自美國的波本威士忌變得更容易入口的雞尾酒。

Recipe

蘋果&肉桂波士威士忌　45毫升

乾燥蛋白粉　1 tsp

水　30毫升

三溫糖　2 tsp

檸檬汁　1/8顆量

Topping

肉桂棒　1根

①將乾燥蛋白粉與水倒入雪克杯再 Dry Shake。

②將蘋果&肉桂威士忌、三溫糖、檸檬汁、冰塊倒入步驟①的雪克杯再搖晃。

③將冰塊放入威士忌杯,再注入步驟②的成品。

④附上肉桂棒。

> ### Memo
>
> #### 「蘋果&肉桂波本威士忌」的製作方法
> 將2個蘋果(去皮去籽,切成一口大小)與3根肉桂棒放入瓶中,然後倒入波本威士忌,直到淹過材料為止,再放入冰箱靜置三週。偶爾可拿出來看看狀況或是搖晃瓶子,讓味道更為融合。等到威士忌吸收蘋果與肉桂棒的味道時,就可拿出蘋果與肉桂棒。(※方便製作的分量)

Point
- 使用蘋果&肉桂波本威士忌讓波本威士忌變得更容易入口的方案。
- 乾燥蛋白粉製作質地細膩輕盈的泡泡。

以波本威士忌浸泡蘋果與肉桂棒的時候,記得要讓波本威士忌淹過材料。

乾燥蛋白粉可當成蛋白的代替品使用。乾燥蛋白粉可製造出質地細膩的泡泡,卵磷脂可做出更為輕盈的泡泡。可視飲品的種類選用乾燥蛋白粉或卵磷脂。

Epilogue
結語

　　與我剛成為咖啡師的時代比較，現在的日本總算建立起將咖啡師當成一種職業的認知。因此，也出現了各式各樣的咖啡師。

　　本書將重點放在咖啡師的必須技術之一「調製飲品」，說明何謂咖啡師的新型態。

　　利用想像力與創造力製作創意飲品的魅力在於，可讓顧客深刻感受到前所未有的「驚豔」，不過，飲品最重要的還是「美味」，而且到底誰會覺得好喝，這也是重點之一。

　　為了喝的人設計配方與故事，然後在端給客人時，若是顧客能確實感受到創作者藏在飲品裡的故事，除了會感到驚喜，更會覺得「感動」。

　　為此我總是覺得，不管是味道還是表現的張力，能否充分地表現這些元素是非常重要的。

　　基於這個想法，我總是積極地參賽，也於 Bar ISTA 定期舉辦咖啡師的研討會。最初的規模還很小，慢慢地，除了有機會與咖啡師交流，也有機會與酒保、甜點師進行跨行業的交流。

　　今後於海外活動的機會越來越多，活用上述這些經驗將有機會與外國的咖啡師進行更深入的交流，也能透過講座或授課的方式，傳遞日本才有的思維、技術與趨勢。而且在當地得到經驗後，還能帶回日本分享。這些經驗不僅能讓顧客享受到更有趣的飲品，也能擴大咖啡師在日本活動的範圍，民眾也更有機會了解咖啡師這個職業的美好之處。這就是我接下來的一大目標。

　　我認為這也是咖啡師的新型態。我堅信，若是各種類型的咖啡師都不斷地為顧客磨練自己的技術，咖啡師一定能成為更美好的職業。

　　這次很感謝各界朋友的幫忙，才得以推出這本書，實現我成為咖啡師之後的一大夢想。我充分地體會到不成熟的我之所以能走到這一步，全是因為重視「持續」與「人際關係」的緣故，也有賴許多朋友的幫助。正因為有這麼多的夥伴，我才能放大目標，以及從零開始。

最後要感謝的是，理解我的目標以及幫助本書出版的 act coffee planning 的阪本義治先生，真的非常感謝他。

最後還要感謝的是讓本書得以出版的前田和彥總編、旭屋出版的各位工作人員、攝影師香西純、設計師武藤一將以及對我不離不棄的編輯稻葉友子。

此外也要感謝提供作為飲品基底的咖啡的 Unir，以及提供讓飲品的領域更為拓展與美味的 MONIN 糖漿的日法貿易株式會社的各位，是他們讓我有機會在活動與講座說明相關的產品。

從學生時代到現在擔任講師，讓我有機會累積大量經驗的大阪 Culinary 製菓調理專門學校的各位、以及在無法尊稱為老師卻教導我許多事情與給我許多機會的桑木孝雄，都是我必須一再感謝的對象。

再來還要感謝總是給我許多靈感的酒保們、總是與我一起切磋、互相給予良好刺激的咖啡師夥伴們，以及不僅幫助撰寫本書的配方，還於大會支援我的 ISTA 團隊。

最後還要感謝的是，讓我能持續咖啡師這份工作，有機會挑戰眾多目標，每天幸福地工作的 Bar ISTA 的顧客。

真的非常感謝大家。

各位，今後也請大家多多指教了。

Bar ISTA 野里史昭

Bar ISTA

大阪府大阪市中央区北久宝町2-6-1
TEL.06-6241-0707
OPEN.15時〜23時（L.O.22時30分）
週日、週一、假日休息
http://bar.ista-baristaalliance.net

咖啡女子

21×25.7cm　116頁　定價 350 元　彩色

　　一般而言，男性的咖啡體驗屬於「個人體驗」，但是女性通常比較重視「分享體驗」。在咖啡廳喝咖啡，在自家烘焙的咖啡店買咖啡豆，然後在家裡磨豆子煮來喝，或是參加咖啡講座……這些為了咖啡而舉辦的事情都屬於咖啡體驗之一。

　　本書希望有更多的女性能有「透過咖啡的體驗享受更多屬於咖啡的樂趣，同時讓生活型態變得更豐富」，也希望有更多喜愛咖啡，對生活採取正向積極的女性能喜歡這本書，所以將書名取為「咖啡女子」。全國的咖啡女子，接下來就讓我們一起享受有關咖啡的各種體驗吧！！

就是想喝好咖啡

21×29cm　128頁　定價 350 元　彩色

中川鱷魚的咖啡哲學
哲學①傾聽咖啡的聲音
哲學②透過咖啡傾聽自己的聲音

在一個契機下，與咖啡締結緣分，從此之後就是愛咖啡一族！
甚至自己開店，與員工大人（妻子）一同經營。

　　回想起來，從國中一年級快結束時，就愛上喝咖啡這件事了。明明不知道這麼喝是好還是不好，但我還是理所當然地一直喝，想必直到死的那一天都會繼續喝下去吧！－中川鱷魚

史上最精華咖啡學

18.2×25.7cm　248頁　定價 450 元　彩色

第一位提出＜咖啡學＞的學者！
廣瀨幸雄 32 堂咖啡研究的精華課程
咖啡栽培、 經貿、 歷史、 流行、 醫藥全方位剖析
Q&A 一問一答， 條理清晰輕鬆好記 ！

自稱咖啡愛好者的你，真的了解咖啡嗎？
想要了解咖啡，卻不知道從何下手？

　　這是一本「咖啡學」的入門書，為實現輕鬆學習，以一問一答的方式對咖啡知識進行了總梳理。「咖啡學」整理了與咖啡有關的各種知識，是特別獨創出的一門科學領域。

瑞昇文化
http://www.rising-books.com.tw

＊書籍定價以書本封底條碼為準＊
購書優惠服務請洽：
TEL｜02-29453191
Email｜e-order@rising-books.com.tw

PROFILE

野里史昭

1981年出生，大學畢業後來到東京，在最初服務的義大利酒吧被咖啡師這份工作所吸引，之後就一心朝著成為咖啡師的道路前進。2010年於大阪本町創立「Bar ISTA」。2014年於咖啡雞尾酒競賽得到冠軍，得以代表日本首次參加世界大會。身為「Bar ISTA」的經營者兼咖啡師，一邊挑戰自己的可能性，一邊於大阪Culinary製菓調理專門學校執掌教鞭，傾注心力於培育後進。

TITLE

咖啡師的特調魔法 Creative Drink

STAFF

出版	瑞昇文化事業股份有限公司
編著	野里史昭
譯者	許郁文
總編輯	郭湘齡
責任編輯	徐承義
文字編輯	黃美玉　蔣詩綺
美術編輯	孫慧琪
排版	執筆者設計工作室
製版	昇昇興業股份有限公司
印刷	桂林彩色印刷股份有限公司
法律顧問	經兆國際法律事務所　黃沛聲律師
戶名	瑞昇文化事業股份有限公司
劃撥帳號	19598343
地址	新北市中和區景平路464巷2弄1-4號
電話	(02)2945-3191
傳真	(02)2945-3190
網址	www.rising-books.com.tw
Mail	deepblue@rising-books.com.tw
初版日期	2018年3月
定價	380元

國家圖書館出版品預行編目資料

咖啡師的特調魔法Creative Drink / 野里
史昭編著；許郁文譯. -- 初版. -- 新北市：
瑞昇文化, 2018.02
128面；21x 29公分
ISBN 978-986-401-222-0(平裝)

1.咖啡

427.42　　　　　　　　　107001138